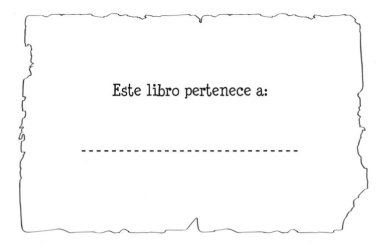

Este libro pertenece a:

Dirección editorial: Marcela Aguilar
Edición: Thania Aguilar y Ketzalzin Almanza
Colaboración editorial: Carlos Díaz
Coordinación arte: Valeria Brudny
Coordinación gráfica: Leticia Lepera
Armado: Florencia Amenedo

© 2022 VR Editoras, S. A. de C. V.
www.vreditoras.com

México: Dakota 274, colonia Nápoles - C. P. 03810
Alcaldía Benito Juárez, Ciudad de México
Tel.: 55 5220-6620 • 800-543-4995
e-mail: editoras@vreditoras.com.mx

Argentina: Florida 833, piso 2, oficina 203 (C1005AAQ) Buenos Aires
Tel.: (54-11) 5352-9444
e-mail: editorial@vreditoras.com

Primera edición: mayo de 2022

ISBN: 978-607-8828-15-9

Impreso en China • Printed in China

1.000
datos locos
DERRIBANDO
MITOS

JAMES WHAT

UN SELLO DE
VR EDITORAS

1

Podrías pensar que el lugar más caliente del mundo
es el desierto del Sahara en África, pero no. El récord
lo comparten el desierto de Sonora, en México, y otro
menos conocido llamado Lut, en Irán. Ambos han
registrado temperaturas de 80.8° centígrados.

2

¿Quién dice que los robots no pueden tener ciudadanía?
Sofía es un robot humanoide que utiliza reconocimiento
facial para interactuar con las personas. También puede
imitar gestos y expresiones faciales. El 25 de octubre
de 2017 recibió la ciudadanía de Arabia Saudita.

3

Según un mito popular, en 1938 la radio estadounidense
dramatizó la novela *La guerra de los mundos*,
de H. G. Wells, presentándola como reportes noticiosos
reales de una invasión marciana, lo que causó pánico
en toda la nación, según periódicos de la época. En realidad,
apenas 2% de la población escuchó la transmisión
y casi nadie reaccionó a ella. Básicamente los diarios
acusaron a la radio de emitir noticias falsas...
mediante otras noticias falsas.

¿Qué montaban los vaqueros del Viejo Oeste? Caballos, no. En 1843, las autoridades estadounidenses importaron 76 camellos de Marruecos y Egipto porque se adaptaban a la perfección al clima desértico. El plan fue exitoso hasta la Guerra Civil de 1861, cuando muchos de ellos murieron o escaparon y se volvieron salvajes.

Quizá te suene a mito, pero antes de Netflix teníamos que ir a una tienda que se llamaba Blockbuster a rentar películas en videocasetes. Ahora solo queda una de ellas en Oregón, Estados Unidos, y se le considera un sitio turístico. Como unas ruinas arqueológicas del pasado.

Muchos piensan que Mercurio es el planeta más caliente del sistema solar por ser el más cercano al Sol. Esto es falso. La distancia con el Sol no influye mucho en la temperatura de un planeta, sino la composición de su atmósfera. Venus tiene una atmósfera de dióxido de carbono y nitrógeno, lo que la hace muy efectiva para retener el calor. Su temperatura promedio es de 426° centígrados. Mala para la vida, excelente para asar un pollo a la mantequilla.

7

¿Las bolsas de papas fritas están llenas de aire para engañarte? En realidad no. Lo que tienen es nitrógeno y lo usan por dos razones. La primera: este gas mantiene las papas frescas. La segunda: evita que se rompan. Aun así, no les costaría nada darnos más papas a la bolsa.

8

¿Se te ha "subido el muerto" o conoces a alguien a quien sí? No te preocupes, "el muerto" es la parte mítica de un fenómeno real llamado parálisis del sueño. Sucede cuando despiertas antes de que tu cerebro reactive el movimiento voluntario, así que estás consciente pero no puedes moverte. Tan solo relájate y en un par de minutos todo volverá a la normalidad.

9

Mucha gente dice que la gravedad y la evolución "solo son teorías" que no están comprobadas y son "suposiciones". Pero, una teoría científica es un cuerpo de mediciones, evidencias y comprobaciones que explican un fenómeno real. La palabra científica para una suposición es *hipótesis*. Entonces la gravedad y la evolución no son hipótesis porque sí están comprobadas.

10

¿Crees que el nombre de Buzz Lightyear, guardián espacial de la película *Toy Story* (1995), solo es una ocurrencia? No. Es un homenaje al segundo hombre en la Luna: el astronauta estadounidense Edwin Aldrin, cuyo apodo es "Buzz". ¿Woody será el apodo del segundo vaquero del mundo?

11

Seguro has escuchado la expresión "ciego como un murciélago". No se sabe de dónde surgió este dicho, pero es un mito. En realidad, su vista es 3 veces mejor que la de nosotros, por lo que están muy lejos de ser ciegos.

12

Aunque todos los copos de nieve parezcan iguales, todos son diferentes. El científico Charles Knight, de Estados Unidos, estima que cada cristal de nieve contiene unos 10 trillones de moléculas de agua que se forman azarosamente. Esto significa que por más que lo intentes, nunca podrás obtener un copo de nieve idéntico a otro.

13

¿Tu mamá te obliga a comer zanahorias porque supuestamente mejorarán tu vista? Esta es una verdad a medias. Las zanahorias son ricas en vitamina A y la deficiencia de esta puede causar problemas de ceguera. Por eso comer alimentos con vitamina A lo resuelve, pero solo ayudan si sufres de esta deficiencia.

14

Una de las teorías más extendidas sobre el origen del mito de los hombres lobo es que se trata de una metáfora para la pubertad y la adolescencia, una etapa de la vida en la que ocurren diversos cambios en el cuerpo y la mente que lo llevan a la adultez.

15

Es muy común ver en películas escenas con buitres acechando a presas potenciales moribundas. Esto es un mito. En realidad, los buitres son carroñeros, se alimentan de animales en descomposición. Solo forman grandes grupos cuando ya encontraron un animal en estas condiciones.

16

No todos los piratas eran hombres. Una de las piratas más poderosas de la historia fue una mujer china llamada Ching Shih. Su flota constaba de 2 000 navíos y tenía bajo su mando a más de 70 000 marineros. Eso es poder.

17

Un mito asociado con los videojuegos dice que estos causan problemas de conducta. Según un estudio de 2013 realizado por la Universidad de Glasgow, en Escocia, esta actividad no tuvo efecto alguno en el comportamiento de los jugadores. Eso sí: pueden causar frustración.

18

De acuerdo con diversas tradiciones del mundo, quemar chiles te puede proteger de vampiros y de hombres lobo. Esto se debe a que, según los mitos, los sentidos de estas criaturas son más sensibles. Si tú casi te ahogas cuando asan chiles, para los seres de la noche sería como gas lacrimógeno.

19

¿Un rayo puede derribar un avión? No. Se trata de un mito. Aunque los aviones sean metálicos y el metal conduzca la electricidad, las naves están diseñadas para soportar los impactos de rayos sin dañarse. De hecho, jamás ha habido un accidente por esta razón.

20

Los ductos de ventilación de los edificios en realidad son espacios de apenas unos centímetros de diámetro y un adulto no cabe por ellos. En las películas, a menos que el héroe sea un zorrillo, no irá a ninguna parte usando el aire acondicionado.

Cuando piensas en un desierto, de inmediato imaginas cactus, arena y calor. En realidad, un desierto es cualquier terreno seco con poca vegetación y poca lluvia. Por eso el desierto más grande del mundo es la Antártida, un desierto frío de 13.8 millones de kilómetros cuadrados.

Los humanos somos como un zoológico andante. Además de bacterias, también tenemos arañas diminutas en las pestañas. Los ácaros son arácnidos microscópicos que se alimentan de piel muerta. Pero no te preocupes, son inofensivos y de todos modos no te los puedes quitar.

En las películas de acción de aviones, el héroe siempre encuentra compartimentos por donde desplazarse sin ser visto. En realidad, el espacio en un avión es muy reducido. A menos que el héroe fuera un ratón, no podría escabullirse por ellos.

El hipo es una de las cosas más molestas que hace el cuerpo. ¿Qué lo causa? El diafragma, una membrana que separa la cavidad abdominal de los pulmones. Cuando esta tiembla por cambios de temperatura repentinos o por comer mucho, se genera el hipo. Es muy incómodo.

25

Aunque tengamos esa idea, los barcos piratas no eran trozos de madera repletos de caos. La mayoría de sus tripulaciones tenían un código de conducta pirata que prohibía los juegos de azar, planteaba castigos en caso de traición y también insistía en que todas las armas permanecieran resguardadas en la bodega.

26

En el tradicional funeral vikingo, ponían al difunto en un bote al que luego prendían fuego. Bueno, tan tradicional no es. El mito proviene del relato de un diplomático árabe del siglo IX, quien vio el funeral de un gran jefe de los rus, una tribu proveniente de Escandinavia, pero a ellos ya no se les consideraba vikingos.

27

Se cree que sudar sirve para adelgazar. Este mito se originó por que cuando haces esfuerzo físico, tu cuerpo se calienta y, para reducir la temperatura, sudas. En realidad, sudar no quema ninguna caloría. Si solo estás sentado sudando en un día caluroso no vas a bajar ni un gramo.

Aunque parezca mito, los gladiadores romanos tenían tanta fama que, como a los futbolistas de hoy, muchos comerciantes les pagaban para promocionar sus productos. Ridley Scott, director del filme *Gladiador* (2000), se negó a incluir este hecho en su historia, pero la publicidad siempre ha estado en todos lados.

En la película Fragmentado (2016), hay un villano que tiene 23 personalidades debido a un trastorno psicológico. Muchos piensan que esto es una exageración, pero no. A esta condición se le llama trastorno disociativo de la personalidad. Puede ser peligrosa pues podrías cometer crímenes sin que las otras personalidades lo recuerden.

Aunque no sean como en las películas, ni estén llenos de esqueletos vivientes, los barcos fantasmas sí existen. Son barcos que aún flotan, pero por alguna razón, no tienen tripulación.

El récord del mayor período sin sueño fue establecido por un estudiante de California, Estados Unidos, llamado Randy Gardner en 1964, quien pasó 11 días sin dormir. No te recomiendo que trates de romper su récord.

32

Todos los hombres musculosos de las películas
le quitan el seguro a las granadas con los dientes.
En la vida real, esto los dejaría chimuelos. Por obvias
razones, el seguro de una granada es muy difícil de quitar
y se necesita la fuerza de ambos brazos para hacerlo.

33

Es normal que pensemos que nuestros pulmones son iguales,
pero resulta que nuestro pulmón izquierdo es 10 % más
pequeño que el derecho para permitir que el corazón tenga
espacio suficiente para latir. ¡Qué considerado!

34

¿Qué pasaría si caes en lava? Algunas películas muestran
que te hundes, pero la lava es roca incandescente
semilíquida, demasiado densa y espesa para que algo
se hunda en ella. En vez de eso, te rostizarías como pollo
sobre ella. Así que ten cuidado cuando vayas al cráter
de un volcán activo.

35

Aunque hay muchos mitos sobre las causas
del sonambulismo, uno de ellos es verdad: que es genético.
Cerca del 80% de los sonámbulos tienen un antecedente
familiar o si un gemelo comienza a desarrollar
sonambulismo, es muy probable que el otro
también lo padezca.

36

En Disneylandia, un parque temático de Estados Unidos, hay un paseo de Piratas del Caribe que inspiró la película y el cual, en 1960, utilizaba esqueletos reales para generar una atmósfera escalofriante. Estos esqueletos se compraron al departamento de medicina de la Universidad de California en Los Ángeles. Ahora de nuevo son falsos. ¿Por qué habrán cambiado su decisión?

37

Pese a la percepción de que los vikingos tenían una vida caótica y sin leyes, la realidad es que eran una sociedad muy ordenada. Cada año, durante una celebración llamada Althingi, el legislador electo recitaba todas las leyes de memoria. Cuando la escritura llegó a los países nórdicos, las leyes fueron las primeras en ser escritas, entre 1117 y 1118.

38

Gracias a los cómics y películas de Marvel, las personas se han familiarizado con la mitología nórdica y conocen a figuras como Thor, Loki y Odín. Pero la verdadera mitología nórdica es todavía más compleja. Loki es padre de un lobo gigante que causará el Ragnarok, una especie del fin del mundo, pero también es la madre de un caballo de 8 patas.

El efecto placebo no es un mito. Este efecto
hace que nuestro cuerpo sane tan solo porque creemos
que una medicina funciona, aunque ni siquiera sea
medicina. Su intensidad varía mucho de una persona
a la otra, pero es común y real.

En las películas y la televisión, siempre inclinan la cabeza
para atrás cuando les sangra la nariz. Esto es un mito
y solo logra que te tragues la sangre. En realidad, debes
inclinar la cabeza un poco hacia adelante y detener el flujo
de sangre con un pañuelo hasta que este pare. Sí, aunque
debas traer el papel como moco por un rato.

En las películas o series, las cañerías siempre
son túneles gigantescos. La realidad es que pocas ciudades
tienen desagües tan grandes. Londres, Moscú, Viena
y Nueva York los tienen, por ejemplo. El sistema de
drenaje de París es tan grande que sirve como atracción
turística. ¿Te gustaría visitarlo?

El órgano más importante del cuerpo es el cerebro.
Y no es mito, por lo que tampoco debería ser sorpresa
descubrir que este vital órgano usa un cuarto
de todo el oxígeno que respiramos.

 **43**

Isaac Asimov, un gran escritor de ciencia ficción,
fue el primero en proponer 3 leyes para que los robots
fueran seguros en 1942: no hacernos daño ni permitir
que seamos dañados por su falta de acción; obedecernos,
a menos que una orden nos ponga en riesgo; y proteger
su propia existencia siempre que hacerlo no viole
las dos primeras leyes.

 **44**

**En realidad, todos comemos mocos, solo no como
piensas. Aunque sacárselos y comérselos se conoce
como mucofagia, la mayor parte de la mucosa nasal
se genera en la parte interna de la nariz y luego resbala
hacia la garganta y la tragamos. ¡Provecho!**

 **45**

Aunque los piratas de verdad eran rufianes, también
tenían ideas bastante progresistas. Llevaron a cabo
los primeros matrimonios homosexuales llamados
matelotages, una palabra que deriva del francés *matelot*,
que significa "marinero". Varias tripulaciones estaban
conformadas por esclavos que habían escapado y no había
prejuicios raciales. Eran honorables en ese sentido.

46

Según los mitos, los barcos vikingos tenían cabezas
de dragón talladas al frente. Aunque esto es cierto,
apenas se tienen registros arqueológicos tanto de un barco
que pudo haber tenido una cabeza de dragón, como
de algunos grabados en Estambul que muestran
una flota de barcos con dragones narizones al frente.

47

Hay un mito que asegura que vas a ser más alto en la
mañana que en la noche y, en realidad, no es un mito.
Durante el día, los cartílagos en tu cuerpo se comprimen
debido al peso de este, pero mientras duermes vuelven a
extenderse a su grosor normal. Esto hace que ganes
un poquito de altura al salir de la cama, a menos que
te la pases acostado todo el día.

48

Los pitufos no existen, pero la gente azul, sí. En Kentucky,
Estados Unidos, vivió una familia de apellido Fugate que
tenía una condición llamada methemoglobinemia
que teñía su piel de color azul. Sus hijos y nietos
también eran azules. En 1975 nació el último descendiente
de esta familia. Desde entonces no se han encontrado
más descendientes azules.

49

En las películas de acción el héroe siempre le dispara
al tanque de gasolina de un coche para hacerlo estallar.
En realidad, esto es imposible, ya que la gasolina necesita
de una llama o una chispa para arder y, aunque al ser
disparada, una bala está muy caliente, no alcanza
la temperatura suficiente para hacerlo.

50

Aunque no lo creas, una barba larga te puede matar.
Hans Steininger vivió en Alemania en el siglo XVI y tenía
la barba más larga del mundo: medía 2 metros. En medio
de un incendio en Braunau Am Inn, la ciudad donde vivía,
pisó su barba mientras subía unas escaleras, tropezó,
cayó por dichas escaleras y murió. Es mejor afeitarse
un poco más seguido.

51

Es una creencia popular que las mujeres soportan
el dolor mejor que los hombres. Esta creencia
es doblemente cierta. Las mujeres poseen el doble
de receptores de dolor en su cuerpo que los hombres, pero
su umbral del dolor, es decir, la capacidad de soportarlo
es mucho mayor. O sea que las mujeres sienten
el doble de dolor que los hombres y lo aguantan.

52

La gente piensa que una pistola "silenciada" es el arma perfecta de un asesino, pero en realidad no son tan efectivas. Los expertos en armas prefieren llamar supresores a los silenciadores porque simplemente ayudan a aparentar que el arma es de un calibre más bajo.

53

Aunque las naves espaciales hacen un juego de luces increíble con armas láser en las películas de Star Wars, la luz necesita una superficie en la cual reflejarse para ser visible y como en el espacio no hay atmósfera, la luz no rebotaría contra nada. Los rayos serían invisibles. ¡Qué aburrido!

54

El hecho de que los mapas son bidimensionales ya no es del todo cierto. Hoy, aplicaciones como Google Earth permiten explorar un mapa tridimensional que muestra de forma precisa las formas y los tamaños de todos los países.

55

Al ver la película *300* (2006) y leer el cómic en el que está basada, muchas personas creen que la batalla de las Termópilas solo fue peleada por 300 soldados espartanos en contra de miles de soldados de Jerjes I. En realidad, sí hubo exactamente 300 soldados espartanos, pero estaban acompañados por 6 000 soldados bien entrenados.

Seguro has escuchado la expresión "sentir mariposas en el estómago". Aunque no se trata de mariposas, la sensación es real y sucede por un aumento repentino en los niveles de adrenalina en tu cuerpo, como cuando ves a esa niña o a ese niño que tanto te gusta.

57

Esto parece un plan ridículo, pero pasó: durante la Segunda Guerra Mundial, un buque de guerra holandés fue disfrazado con palmeras y otras plantas para parecer una isla tropical y escapar de un ataque japonés. La estrategia funcionó: de toda su unidad, fue el único barco que escapó al ataque.

58

La película *El club de la pelea* (1999) inició el mito de que, cuando un avión está en problemas, las mascarillas te proveen oxígeno porque supuestamente te adormece. En realidad, las mascarillas proveen oxígeno para mantener seguros a los pasajeros en caso de algún imprevisto.

59

¿Alguna vez has sentido que te sale mucha cerilla de los oídos luego de ponerte tus audífonos? La cerilla sirve para limpiar tus oídos. Cuando usas tus audífonos por una hora, las bacterias en tus oídos pueden aumentar hasta 700 veces. Ahora que sabes esto, ¿quieres usarlos tanto?

60

Las etapas del duelo, por las que pasamos cuando sufrimos una pérdida importante, son negación, ira, negociación, depresión y aceptación. Creer que debemos pasar por todas en ese orden es un mito. Todos somos diferentes, así que ten un poco de paciencia con tus propios procesos.

61

Pese a que la imagen de los vikingos es de hombres gigantescos, esto es solo un mito. Los esqueletos masculinos encontrados medían en promedio 1 metro con 70 centímetros. Las mujeres medían en promedio 1 metro con 60 centímetros. Ya no son tan intimidantes, ¿cierto?

62

Que las mujeres sean discretas es puro cuento. La ciencia ha comprobado que son lo contrario. En promedio, una mujer puede mantener un secreto durante 47 horas y 15 minutos, aunque también hay mujeres que guardan secretos toda su vida.

63

En las películas de fantasía en blanco y negro era común ver a cavernícolas escapando de o luchando contra dinosaurios, pero el último dinosaurio se extinguió 65 millones de años antes de que apareciera el primer humano.

64

Eso de que "el mundo está al revés" no es del todo
mentira. Los nervios ópticos perciben una imagen
del mundo invertida. Hasta que la señal eléctrica llega
al cerebro, se pone la imagen de forma correcta.

65

Aunque nos gustaría preocuparnos por todas
las personas del mundo, nuestro cerebro tiende a
valorar más a los individuos que a las multitudes porque,
después de cierta cantidad, dejamos de ver personas
y comenzamos a ver cifras.

66

Ojalá esto fuera mito: la actividad industrial humana
ha destruido cerca del 80 % de los bosques y selvas del
mundo y tan solo 16 % de las áreas ricas en biodiversidad
están protegidas por la ley. Así que más vale cuidar
nuestro planeta.

67

En realidad, los vikingos tenían una sociedad con ideas
muy progresistas. Las mujeres vikingas tenían el derecho a
divorciarse si sus esposos eran violentos con ellas y podían
casarse de nuevo si lo deseaban. Además, era normal que
se volvieran ricas y poderosas en sus sociedades.

68

¿Es cierto que se necesitan 8 horas de sueño al día? Sí
para muchas personas, pero no para todas. La mayoría
de los adultos sanos necesitan entre 7 y 8 horas por noche.
A otras personas les basta con 6 horas. Y hay quienes no
pueden ser funcionales sin dormir al menos 10 horas.

69

Es imposible respirar y tragar algo al mismo tiempo. Esto
se debe a que el esófago, el tubo por donde baja la comida
que comemos, y la tráquea, el tubo por donde pasa el aire
que respiramos, comparten un mismo punto de entrada:
la garganta. Para evitar que entre comida o líquido a
los pulmones al comer, la tráquea se bloquea con una
membranita llamada epiglotis lo que también interrumpe
el paso del aire. Ser multitarea no es tan fácil como parece.

70

Al orden de las letras en el teclado de la computadora se le
llama QWERTY y hace referencia a las letras que aparecen
en la primera fila. En su tiempo fue diseñado para escribir
más lento y no atorar las palancas de las máquinas de
escribir, un dispositivo para plasmar letras en papel.

71

¿Los virus y bacterias hacen que nos dé fiebre? Sí y no. En realidad, la fiebre es la respuesta del cuerpo a una infección. La mayoría de los virus y bacterias no sobreviven a altas temperaturas. Por ello, para eliminarlos, el cuerpo aumenta su temperatura.

72

El hipo no siempre se va rápido. Charles Osborne, un joven estadounidense, tuvo hipo durante 68 años, desde 1922 hasta 1990 y solo pudo disfrutar de un año de vida sin hipo antes de fallecer en 1991, a sus 97 años. Si sientes que te va mal en la vida, recuerda este caso.

73

¿Por qué se dice que las zanahorias mejoran la vista? Este mito proviene de la Segunda Guerra Mundial. Cuando los pilotos de aviones británicos comenzaron a derribar con éxito a los enemigos, inventaron esto. Pero la verdad era que habían desarrollado el radar, que podía detectar los blancos sin necesidad de verlos.

74

El año no siempre tiene 4 estaciones. En Bangladés, un país al sur de Asia, hay 6 oficiales: verano, monzón o temporada lluviosa, otoño, otoño tardío o estación seca, invierno y primavera. No estaría mal tener vacaciones de monzón.

75

Kopi Luwak es el nombre del café más caro y exquisito del mundo. Un kilo de esta variedad puede costar hasta 1300 dólares. ¿Su secreto? Un animal llamado civeta se come los frutos del café, luego la excreta y los granos salen intactos. Se dice que este proceso les da un sabor increíble. ¿Lo probarías?

76

Gracias a películas como *Corazón Valiente* (1995), existe el mito de que los escoceses medievales luchaban en faldas llamadas *kilts*. Pero las *kilts* escocesas, durante mucho tiempo, estuvieron prohibidas para usarse en público.

77

Según un mito, si arrojas una moneda desde un edificio muy alto, como el Empire State, en Nueva York, alcanzará tal velocidad que podría matar a alguien si le cae encima. Esto es falso. La forma aplanada de la moneda genera fricción con el aire y no alcanza suficiente velocidad para ser mortal. Lo aterrador es que la gente que cree este mito arroja monedas intencionalmente desde el Empire State. Mucho cuidado cuando andes por ahí.

¿Te cuesta trabajo levantarte por las mañanas? Hay una solución. En 2015, un inglés llamado Colin Furze inventó una cama con un sistema que literalmente te lanza de la cama al piso cuando es hora de levantarte. Nada de quedarte dormido.

¿Te has preguntado de dónde vienen las zanahorias? Todo indica que en el siglo X fueron domesticadas por primera vez en la región que hoy ocupan los lejanos países de Irán y Afganistán. Y, aun con tanta distancia, encontraron el modo de llegar hasta tu plato.

Al principio las zanahorias no se cultivaban para comer, sino para obtener las hojas y semillas aromáticas de la planta. Algunos parientes de las zanahorias, como el perejil, el hinojo, el eneldo y el comino se siguen cultivando por esta razón. ¿Quién habrá sido el primer raro en darle un mordisco a una zanahoria?

No es mentira que el Sol causa cáncer, ya que produce radiación ionizante, que pone en peligro a los seres vivos. Cuando la piel recibe cantidades excesivas de estas partículas, puede desarrollar cáncer. Así que todos a usar protector solar.

82

Existen monumentos prehistóricos de piedra llamados dólmenes que se han encontrado sobre las tumbas de algunos muertos al noroeste de Europa. Según los antropólogos, estos monumentos eran usados para prevenir que un vampiro se levantara de su ataúd.

83

Muchas personas piensan que si sales al espacio sin protección algo catastróficamente malo te pasa. Pero solo son mitos. Por fortuna, la piel es tan buena protegiéndote que, mientras puedas aguantar la respiración, podrías ser rescatado del espacio con muy poco daño y contarías tu aventura de, al menos, un par de minutos.

84

Aunque las nubes parecen suaves y esponjosas bolas de gas, en realidad son muy pesadas. Una nube del tipo cúmulo (las grandes que ves en un día relativamente nublado) puede pesar hasta 500 000 kilos, pero su densidad es muy baja, lo que las mantiene a flote en la atmósfera.

85

La idea de que los tanques son lentos es un mito a medias. Surge porque, por su tamaño y peso, los tripulantes tienen que avanzar con precaución para asegurar su seguridad y la del tanque. Pero desde la Segunda Guerra Mundial alcanzas velocidades de 60 kilómetros por hora y más.

86

El título de campeón del oxígeno no es la selva del
Amazonas, se encuentra en el océano: el kelp y
las algas microscópicas que se encuentran en los mares
y océanos producen 54% del oxígeno del planeta.
Por eso es importante combatir el cambio climático
que amenaza a toda la vida marina.

87

Si crees que los únicos hongos que existen son los que venden
en el supermercado, estás equivocado. Se conocen al menos
216 especies de hongos, pero muchos pueden ser tóxicos.
Así que no comas todos los hongos que te encuentres en el
camino, algunos pueden ser peligrosos.

88

¿Las zanahorias son frutas o verduras? En realidad,
son las raíces de la planta. De cualquier forma, son
saludables y buenas para tu cuerpo, así que no te puedes
ir de la mesa hasta que te las termines.

89

Las plantas producen su alimento mediante el proceso
de fotosíntesis, pero no son las únicas que lo usan.
Existen 4 animales que obtienen parte de su energía
mediante fotosíntesis: una especie de babosa marina
llamada *Elysia clorotica*, la salamandra moteada,
el avispón oriental y los pulgones de la pera.

90

El sombrero que utilizaban los vaqueros del Viejo Oeste
era el bombín, los famosos sombreros de hongo, porque
eran más versátiles en diferentes situaciones sociales
y eran vistos como un símbolo de estatus elevado.
La pretensión le ganó a la comodidad.

91

Allá por el año 100 antes de Cristo, hace poco más de dos
mil años, Mitrídates VI, quien era rey de un lugar llamado
Ponto, creó una receta para contrarrestar ciertos venenos,
cuyo ingrediente secreto eran las semillas de zanahoria.
Las verduras salvan vidas, así que no dejes de comerlas.

92

Se cree que los hombres lobo son malos, pero no.
Al menos de acuerdo con el testimonio de Thiess, un
hombre acusado de herejía en 1692. Él declaró bajo
juramento que los hombres lobo son los sabuesos de Dios
y que se encargan de combatir a las fuerzas del mal.

93

Según el mito, es malo tener plantas en tu cuarto porque
de noche absorben oxígeno y puedes terminar asfixiado
mientras duermes. Afortunadamente, esto es falso. Sí
consumen oxígeno, pero no en cantidades tan grandes.
Además, en tu cuarto seguramente habrá aire circulando.

94

¿Por qué siempre vemos el mismo lado de la Luna?
Aunque la Luna sí rota, también orbita alrededor de la
Tierra y cuando llega a nosotros parece estar en el mismo
punto. Pero si pudieras verla desde el espacio, podrías
ver la danza cósmica que realiza.

95

Esto parece mentira, pero resulta que es muy cierto: si
comes muchas zanahorias, ¡te puedes volver anaranjado!
El pigmento que les da color naranja es absorbido por
el cuerpo y si se consume en exceso, se hace presente
en la piel. A esta condición se le llama carotenemia
y no produce daños a la salud. Ahora ya sabes cómo
obtener un bronceado natural.

96

**¿Los animales muertos tienen un olor terrible?
Depende a quién le preguntes. Para algunas especies
de buitres, como el buitre pavo, este aroma es esencial
para encontrar su cena.**

97

La primera película sobre hombres lobo se llama *El hombre
lobo* y se trata de un corto mudo de 20 minutos que se
estrenó en 1913. Qué curioso que muchas de las primeras
películas de la historia fueran de terror, ¿no?

98

En el siglo V antes de Cristo, el filósofo griego Demócrito dijo que la materia podía dividirse hasta sus partículas más pequeñas, a las cuales llamó átomos, que en griego significa "no divisible", aunque ahora sabemos que sí pueden fragmentarse en partículas aún más pequeñas, como electrones, protones y neutrones.

99

En la Antigüedad la gente les temía mucho a los vampiros, pero más a las mujeres vampiro. En el siglo XVI se creía que la peste bubónica era transmitida por ellas y para evitar que contagiaran a más personas, las enterraban con un ladrillo en la boca.

100

Un mito de jardinería asegura que siempre es mejor regar las plantas en la noche. La verdad es que todo depende de la temperatura del ambiente. Si hace mucho calor, lo mejor es regarlas a primera hora de la mañana. Si hace frío, lo mejor es regarlas por la tarde.

101

Los pepinos contienen una sustancia química llamada cucurbitacina que, aunque no es tóxica para los humanos, es responsable de su amargo sabor. Las cucurbitacinas se concentran en los extremos, por eso las personas tallan las orillas cuando los cortan. ¡Misterio resuelto!

Todas las películas y videojuegos ambientados en
el Viejo Oeste concuerdan en una cosa: era salvaje. Pero
todos se equivocan. Las leyes de control de armas en
el Viejo Oeste eran incluso más estrictas que las de hoy
en Estados Unidos. A partir de 1878, a unos 25 años
de iniciada la expansión hacia el oeste, los pueblos
y comunidades prohibieron el acceso con armas.

Mito: los robots no pueden ser como perros. Verdad:
Un laboratorio de robótica llamado Boston Dynamics
desarrolló un prototipo con forma de perro. Su nombre es
Spot y está programado para vigilar y analizar amenazas
potenciales a menos que los soldados le den otras órdenes.

**Aunque pienses que la medicina no tiene nada de natural,
alrededor de 70 000 especies de plantas son utilizadas
por la industria médica. La mitad de los fármacos prescritos
en Estados Unidos tienen un origen vegetal.**

Seguro un día ingeriste un chicle por accidente y temiste
que se quedara pegado dentro de ti. Calma, la base de la
goma no es digerible y tampoco se pega a las paredes
del tracto digestivo. De cualquier forma, sería preferible
que no lo tragues. ¡Tampoco lo escupas al piso!

Las personas no siempre están felices con sus inventos. Philo T. Farnsworth, uno de los pioneros del televisor, no dejaba que sus hijos lo vieran. Incluso, alguna vez dijo respecto a esto: "No quiero que sea parte de su dieta intelectual". ¿Para qué la inventó entonces?

Los tanques son tan rápidos que incluso hay carreras. En Rusia existe un evento llamado Biatlón de Tanques, en el que los ejércitos de los países invitados compiten dando vueltas a un circuito. El evento se lleva a cabo anualmente desde 2013. ¡Es como jugar con cochecitos más grandes!

Aunque muchos piensan que el chicle nació en Estados Unidos, en realidad es un invento mexicano. Los primeros consumidores fueron los indígenas mayas y mexicas. Su uso tenía fines de higiene bucal. ¡Esa tradición sí se ha conservado a nivel mundial!

No todos los retretes funcionan igual. Los de un avión son diferentes a los normales porque tienen un sistema que los succiona a un compartimento especial. Además, fueron diseñados para evitar que el cuerpo humano se atore por la succión.

110

De acuerdo con el mito griego, Hércules fue hijo de Zeus
y de una mujer mortal, por eso quien quería deshacerse
de él a toda costa era Hera y no Hades, como Disney
nos hizo creer en la película animada de 1994. Eso fue
un mito de un mito.

111

Según se cree, cuando estornudas, tu corazón se detiene.
Esto no es exactamente cierto, pero sí tiene algo de verdad.
Cuando estornudas, el ritmo de tu corazón se altera
un milisegundo, pero no es suficiente para que
se detenga ni cause problemas. ¡Qué alivio!

112

El hombre lobo no es el único ser humano que
se transforma en animal. Diversas culturas indígenas
de toda América cuentan con figuras como los nahuales
o los *skinwalkers* que, según las tradiciones precolombinas,
son chamanes que pueden transformarse a voluntad
en animales.

113

¿Crees que el baño es un lugar seguro? Pues no lo creas.
Casi 40 000 estadounidenses sufren alguna lesión en el
retrete cada año. Entre ellos, niños pequeños que
se caen dentro de la taza, se golpean o se pellizcan
debido a asientos defectuosos.

114

Una advertencia muy popular de los papás es no leer
con poca luz porque provoca ceguera. Aunque leer
con luz tenue cansa la vista más rápido porque implica
más esfuerzo, luego de descansar tu vista un poco,
seguirás viendo tan bien como siempre.

115

Bajo ningún caso es mejor no ponerse el cinturón
de seguridad en los aviones. Los pasajeros que no abrochan
sus cinturones pueden ser lanzados de sus asientos,
lastimarse o lastimar a otros pasajeros durante
un choque o las turbulencias severas. No utilizarlos
no sería inteligente de tu parte.

116

¿Sabías que Drácula sí existió? Vlad Tepes fue
un gobernante rumano del siglo XV, quien era famoso
por su crueldad contra los enemigos e invasores de
Rumania. Sus súbditos lo conocían como Drácula,
que significa "hijo del dragón" o "hijo del demonio",
porque a su padre le apodaban Dracul, "el dragón"
o "el demonio" y es considerado un héroe nacional,
pues los salvó de muchas invasiones turcas.

117

La palabra chicle en español se deriva de la palabra náhuatl *tzictli*, que es como se le conocía a la resina masticable del chicozapote, la planta cultivada en México de la que se obtuvo este producto que sigue siendo popular en nuestro tiempo.

118

Según algunos políticos y periodistas del mundo, los videojuegos son los responsables de los brotes de violencia que involucran a niños en Estados Unidos. En 2018 se estimó que en Japón hay cerca de 68 millones de *gamers* y los registros de violencia en niños son casi inexistentes. ¿Seguro que son los videojuegos?

119

Aunque los vaqueros son vistos como un símbolo estadounidense, te tengo noticias: en realidad son de origen mexicano. Los vaqueros mexicanos precedieron a los estadounidenses por al menos 20 años.

120

Aunque no hay nada de cierto en las supersticiones sobre la mala suerte, en muchos hoteles de todo el mundo no hay piso 13, pues sus dueños consideran al número 13 como desafortunado y temen que su suerte se vaya a pique o que de plano que ni siquiera se hospeden en el hotel.

Aunque algunas especies de buitres encuentran su comida gracias al olfato, otras usan el sentido de la vista. Los buitres negros tienen ojos tan extraordinarios que pueden ver un animal muerto de metro y medio a varios kilómetros de distancia. Y uno aquí, con lentes y sin poder ver a dos pasos de distancia.

Mucha gente cree que el alunizaje del Apolo 11 fue grabado en un estudio en la Tierra, pero hay muchísimas formas de desmentir esas teorías de conspiración. Lo cierto es que el 20 de julio de 1969, Neil Armstrong y Edwin "Buzz" Aldrin fueron los primeros humanos en pisar la superficie lunar.

Aunque muchos dicen que Halloween es una fiesta consumista moderna, esto es falso. El origen del Halloween se remonta al Samhain celta, una celebración que anunciaba el fin del verano. Además, los celtas creían que en esta época se debilitaba la barrera del mundo de los muertos y las almas podían volver por un tiempo. ¿Te recuerda a algún país de Latinoamérica?

124

El chicle no solo te ayuda a la higiene bucal, también genera flatulencias. Algunos de sus componentes, como el sorbitol, pueden provocar un exceso de gas en el tracto digestivo. Además, al masticar con la boca abierta puedes tragar más aire del habitual. Que no te sorprenda.

125

Con todo el tiempo que llevamos en la Tierra, apenas hemos estudiado el valor medicinal del 1% de las plantas de las selvas. Ahí está la variedad de especies más grande de todo el planeta. Podría haber curas para toda clase de enfermedades escondidas y aún no lo sabemos.

126

Según un mito, se puede calcular la edad de un árbol contando sus anillos. Esto es cierto. Lo malo de este método es que se debe cortar el tronco solo para saber cuántos años tenía. Pero no es nada bueno para el ambiente.

127

Las supersticiones sobre la mala suerte se extienden por todo el mundo. Los hoteles y hospitales de Japón no tienen piso 4 porque en japonés, la palabra *shi* tiene dos acepciones: significa "cuatro" y también significa "muerte". Esta asociación lo ha vuelto un número desafortunado en ese país y evitan usarlo.

128

Si bien muchos hongos son comestibles, como los champiñones o las trufas, nunca debes comer cualquiera que te encuentres por ahí. La gran mayoría de los hongos son venenosos y las toxinas de algunos son tan peligrosas que pueden matar animales y personas al instante.

129

Seguro has oído el mito de que los Twinkies, unos pastelitos rellenos, jamás caducan y son capaces de sobrevivir el apocalipsis igual o mejor que las cucarachas. Pues esto es falso. Pese a todos los ingredientes artificiales, los Twinkies tienen una caducidad de más o menos 45 días.

130

Eso de que los fantasmas existen podría ser un mito. Los infrasonidos, que son sonidos que a los humanos nos cuesta detectar, tienen frecuencias que pueden causarnos ilusiones ópticas, escalofríos, ansiedad y otros efectos, lo que produce la sensación de estar en presencia de un fantasma. ¡Qué alivio que no existan!

131

Aunque solemos imaginar a los piratas surcando el Caribe luego de que los europeos llegaran a América, en realidad la piratería es mucho más antigua. Los griegos, romanos y egipcios ya defendían sus barcos de ataques de piratas en el mar Mediterráneo.

A veces la mala suerte no termina. Tsutomu Yamaguchi, un hombre japonés del siglo pasado, llegó a la ciudad de Hiroshima el 6 de agosto de 1945 por un viaje de negocios, justo cuando la ciudad fue impactada por una bomba nuclear. Aunque herido, Tsutomu sobrevivió. Cuando fue dado de alta, decidió volver a su ciudad natal. Esa ciudad era Nagasaki y llegó ahí el 9 de agosto, justo a tiempo para ver caer la segunda bomba atómica que Estados Unidos arrojó en Japón. Contra todo pronóstico, Tsutomu también sobrevivió a esa explosión. Pudo tener mucha suerte por haber sobrevivido, pero también mucha mala suerte por haber presenciado ambos sucesos.

Hay muchos mitos sobre los estornudos, pero algo real es que no debes aguantarlos. La presión que generan los pulmones para expulsar el aire durante un estornudo es tan fuerte que si lo aguantas puede romper algunos vasos sanguíneos en tu nariz y ojos. Si tienes que estornudar, estornuda.

Todos los comerciales de pastas dentales muestran sonrisas blancas y perfectas, pero el color natural de los dientes sanos es más bien amarillento. Así que no te preocupes si tus dientes no parecen vestido de boda, mientras los cepilles con frecuencia, estarán sanos.

Armageddon (1998) es una película poco realista
que habla de un asteroide del tamaño de Texas que va
a impactar al mundo. Una de las cosas que sí hizo bien
fue cuando los astronautas utilizan la gravedad de la Luna
para darle un mayor impulso a sus naves y alcanzar
un asteroide gigante desde atrás. La NASA utiliza este
efecto de "resortera" en la vida real para dar mayor
velocidad a sus sondas espaciales y que lleguen más
pronto a los rincones lejanos del sistema solar, pero
a los espectadores les pareció poco creíble. ¡Qué ironía!

La idea de que las mujeres son menos discretas que los
hombres es falsa. En promedio, los hombres guardan
secretos apenas por 46 horas y 35 minutos, 40 minutos
menos que las mujeres. Somos unos indiscretos.

Solemos creer que los piratas eran marineros
viejos experimentados, pero en realidad eran jóvenes
porque llevaban una vida violenta, con enfermedades
y tenían menos compromisos en tierra, como matrimonios
o hijos, por lo que era más fácil que se dedicaran
a una vida en el mar.

138

El mago Saruman, personaje de las películas de El señor de los anillos, era aterrador. Y Christopher Lee, el actor que lo interpretó, es todavía más aterrador. Antes de ser actor, Lee sirvió en la Segunda Guerra Mundial como agente especial tras las líneas enemigas. Mientras filmaban las películas, Christopher Lee le mostró al director exactamente qué sonido haría Saruman al ser apuñalado por la espalda, porque ya lo había escuchado durante la guerra. Una experiencia desafortunadamente útil.

139

Todos hemos pensado alguna vez que los políticos y nuestros jefes en el trabajo son cretinos. Y resulta que no es un mito. Diversos estudios han determinado que tener poder sobre muchas personas, como cuando ganas una posición política o eres gerente de una gran empresa, puede llevar a la pérdida de la empatía.

140

¿Qué sueñan los ciegos? El momento en el que una persona pierde la vista determina mucho cómo sueña. Aquellos que perdieron la vista siendo adultos, aún sueñan con imágenes, mientras que los sueños de los ciegos de nacimiento involucran emociones, sonidos y olores.

¿Sirven de algo los exámenes en la escuela? Poner a prueba los conocimientos mediante un examen ayuda a que la información permanezca más tiempo en la memoria. Pero el estrés que te genera altera tu capacidad de toma de decisiones. Así que relájate un poco más. Es solo un examen.

142

En realidad, Estados Unidos también importó el Halloween. Esta celebración se originó en Irlanda, pero en 1840 la pobreza que azotaba a ese país obligó a muchos irlandeses a emigrar a Estados Unidos. Así el Halloween comenzó a ganar popularidad en este y otros países americanos.

143

Pese a lo que digan las series y películas de policías, en algunas jurisdicciones un criminal no tiene derecho a hacer una llamada al ser arrestado. Pero los policías dejan que lo haga porque, a menos que llamen a su abogado, los muy despistados usualmente llaman a sus cómplices, lo que facilita el trabajo de la policía.

144

Aunque no lo creas, cuando estás despierto, el cerebro produce suficiente energía como para encender una bombilla. Aunque no lo vas a lograr poniéndotela en la boca como el tío Lucas de *Los locos Addams*.

145

¿Existen los sueros de la verdad de las películas de espías y magos? Esto es mitad cierto y mitad falso. Aunque existen substancias que se utilizan como sueros de la verdad, estas provocan que el cerebro se sienta muy cansado, como si no hubiera dormido por días, lo que dificulta muchísimo mentir.

146

Todos saben qué es un duelo: un enfrentamiento entre dos personas. Pero pocos saben cómo llamar a un enfrentamiento de tres personas. La palabra correcta es *truelo* y apareció por primera vez en 1964. Después se popularizó gracias a las películas de acción de la década de 1990.

147

¿Los vikingos bebían en los cráneos de sus enemigos vencidos? No. En 1636, un aficionado a las antigüedades llamado Ole Worm tradujo una línea de un poema nórdico como "beberé de los cráneos de los vencidos". Pero el verso original era "beberé de las ramas curvadas de los cráneos", que era una forma elegante de decir que bebería de un cuerno de animal, algo que los vikingos hacían con frecuencia. Así se hacen los rumores: con muy malas traducciones.

Aunque no ayudaron a construir las pirámides
como se muestra en la película *10 000 a. C.* (2008),
los mamuts lanudos se extinguieron cerca de 2 500 años
después de que se completaran las pirámides. Aunque
para entonces ya solo habitaban en las regiones remotas
de Alaska y el Ártico.

El Baychimo fue un barco que en 1931 quedó atrapado
en el hielo marino cerca de Alaska, por lo que su
tripulación tuvo que abandonarlo, quedando a la deriva.
Desde 1969 no se la ha vuelto a ver, pero aún se realizan
expediciones en busca de este. Los barcos fantasmas
son más comunes de lo que crees.

Si creías que Ikea era solo una tienda de muebles
en varias ciudades del mundo, estabas equivocado.
Existe un fenómeno psicológico llamado efecto Ikea
(en honor a esta tienda), por el que solemos darles un valor
irracionalmente alto a las cosas que nosotros mismos
construimos sin importar la calidad final del producto.
Prácticamente pagamos para construir algo.

Aunque alguna vez fue cierto, arrancar un coche sacándole algunos cables y amarrándolos ya solo es un mito. Incluso era difícil arrancar coches antiguos forzando el sistema eléctrico, pero hoy es imposible debido a que son varios los sistemas involucrados en el funcionamiento de un coche.

En la primera película de Star Wars hay una mítica explosión de la Estrella de la Muerte, una estación espacial, y pues es justamente eso, un mito. Aunque un objeto estallara en el espacio, la explosión se consumiría o se dispersaría en el vacío tan rápido como empezó por una simple razón: en el espacio no hay oxígeno, elemento necesario para que las cosas ardan. No habría increíbles fuegos artificiales como en las ficciones.

Hay quienes creen que analizando el color de los mocos pueden saber si tienen una infección viral o bacteriana. Esto no es cierto. Aunque tu cuerpo envía a la nariz unas células llamadas neutrófilos, que contienen una enzima verdosa, puedes tener una tremenda infección en los oídos o la garganta y que tu moco sea transparente. Así que mejor ve al doctor.

154

Los vikingos tenían técnicas para forjar armas muy complejas. El arma más rara y excepcional forjada por vikingos fue un tipo de espada llamada Ulfberht. Esta espada es de una calidad tan alta que ningún método moderno ha sido capaz de replicarla.

155

Solemos creer que preferimos ciertas canciones solo porque son buenas, pero en la mayoría de las ocasiones es porque las estábamos escuchando mientras ocurría un evento cargado de emociones en nuestras vidas. Piensa qué te evoca tu canción favorita y revive ese momento.

156

En realidad, los coches son muy frágiles. Lo más seguro es que, con esos saltos y persecuciones que vemos en las películas, se destrocen. De hecho, los equipos de filmación utilizan más de un coche al grabar este tipo de escenas porque constantemente se rompen.

157

Contrario a la creencia de que los piratas son despiadados, un capitán pirata era elegido por votación y permanecía en el poder mientras fuera bueno para encontrar barcos que robar. Pero si comenzaban a abusar de sus marinos, estos podían retirarle el cargo y elegir a alguien más. Todo un mundo de justicia.

158

Aunque generalmente asociamos las pesadillas con el miedo, diversos estudios han descubierto que las emociones más comunes en las pesadillas son la tristeza, la culpa y la confusión. Así que las películas de terror no son lo único que te hace soñar feo.

159

El mito de que la electricidad solo se usa para aparatos domésticos e industriales es un mito. Tanto el sistema nervioso como el corazón utilizan electricidad para funcionar. Tu corazón late cuando una corriente eléctrica hace que se contraiga.

160

El cuerpo humano tiene 96560 kilómetros de vasos sanguíneos. Si los tomaras todos y los alinearas de extremo a extremo, podrías darle la vuelta al mundo 2 veces. Aunque lo mejor es mantenerlos en su lugar.

161

La idea de que siempre es mejor tener un plan B no es del todo cierta. La Universidad de Pensilvania, en Estados Unidos, determinó mediante una serie de experimentos que los voluntarios que prepararon un plan de respaldo para cierta tarea tuvieron peores resultados que aquellos que solo tenían el plan A.

Si viste *Rápido y Furioso: Reto Tokio* (2006), probablemente piensas que derrapar el coche, también llamado *drifting*, te ayudará a ganarle a tu rival. La verdad es una terrible idea en una carrera. Derrapar el coche reduce la velocidad, hace que las llantas se desgasten muy rápido y existe el riesgo de que revienten, dejándote fuera de la carrera.

Hay un mito tan popular que incluso fue el tema principal de la película *Lucy* (2014): las personas solo usan el 10 % de su cerebro. En realidad, cada parte del cerebro cumple una función y aunque no las usamos todas al mismo tiempo, sí usamos todo el cerebro a lo largo del día.

¿Nos estamos volviendo más ansiosos? Sí, la ansiedad no es un mito. Actualmente, los estudiantes de secundaria promedio tienen el mismo nivel de ansiedad que los pacientes psiquiátricos promedio de principios de la década de 1950. ¡Buena suerte en tus clases!

¿Alguna vez te advirtieron tus papás que no le subas mucho a la música porque te puedes quedar sordo? Pues hazles caso porque es verdad. Apenas 15 minutos de ruidos a volumen alto pueden causar tinnitus, ese pitido raro que queda en tus oídos luego de sonidos a todo volumen.

166

¿Sabías que los cuerpos rocosos en el espacio son tan escasos que están separados por miles de kilómetros entre sí? El campo de asteroides del sistema solar, entre Marte y Júpiter, tiene tan pocos asteroides que, si los juntaras todos, conformarían apenas el 4% de la masa de la Luna.

167

¿Sabías que la miel se usó alguna vez como dinero? En Alemania, en el siglo XI, la miel era tan valiosa que los reyes y señores feudales demandaban a los plebeyos que parte de sus impuestos los pagaran con miel. Su alto valor se debía a que se podía utilizar como endulzante de cerveza. Ojalá el dinero de ahora supiera tan rico como el de antes.

168

Es un mito que todos los piratas usaran la bandera negra con un cráneo y los huesos cruzados, conocida como Jolly Roger. Cada pirata diseñaba su propia bandera. Era un acto creativo de cada tripulación.

169

La resolución de la toma de una cámara no se puede mejorar por arte de magia computacional. Si intentas agrandar una toma, solo quedará pixelada y no hay tecnología capaz de convertir esas imágenes distorsionadas en rostros listos como para foto de pasaporte.

Aunque las películas siempre pintan a los vikingos como invasores desalmados, más que a batallas y robos, dedicaban la mayor parte de su tiempo a establecer nuevas rutas comerciales entre sus territorios y los reinos vecinos. De hecho, la gran mayoría nunca fueron a combate en toda su vida.

Pese a lo que la gente piensa, la memoria funciona mediante la relación de conceptos, sucesos e, incluso, emociones para formar un recuerdo y esto hace que dos personas puedan recordar el mismo evento de forma muy diferente.

Todas las películas de detectives tienen la escena donde el malo llama, pero no pueden rastrear la llamada. En la vida real, en cuanto llamas a la policía, el identificador sabe exactamente desde dónde estás llamando. Ojalá que los malos no se enteren de esto.

No es bueno que almacenes gasolina, pues además de peligrosa también tiene caducidad. Con el tiempo se evapora y sus componentes se degradan, volviéndola inútil para echar a andar un coche postapocalíptico.

174

Contrario a lo que se cree, las películas de terror, además de miedo, nos dan alegría. ¿Cómo? Pues resulta que las actividades que nos generan miedo hacen que nuestro cerebro libere sustancias como adrenalina, dopamina y endorfinas, que nos hacen sentir felices. Después del susto inicial simplemente pasamos a sentirnos muy felices.

175

Contrario a lo que se piensa, sudar no hace que huelas feo. El sudor solo es agua con algunos minerales. El mal olor se debe a que tu cuerpo está cubierto de bacterias que se alimentan del sudor y cuando van al baño, lo hacen justo sobre ti. Así que ya sabes de dónde proviene ese incómodo aroma.

176

Los perros ladran, los gatos maúllan, las gallinas cacarean. ¿Y los pavos? Hacen un sonido peculiar que se llama glugluteo o cloqueo. Un sonido tan raro debía tener un nombre igual de raro.

177

Mucha gente cree que el azúcar es tan adictivo como las drogas. Aunque provoca la misma actividad cerebral que consumir tabaco, alcohol u otras sustancias, no se ha comprobado que genere el mismo nivel de adicción. Menos mal.

Repitamos todos juntos: los resfriados no son causados por el frío, sino por los virus. En épocas de frío permanecemos más tiempo encerrados y juntos, lo que aumenta las probabilidades de contagio. Además, los gérmenes sobreviven mejor a bajas temperaturas. Pero el frío por sí mismo no hará que te resfríes.

Los parches de piratas se usaban porque las bodegas de los barcos eran oscuras y los ojos no se ajustan rápido a los cambios de luz. Cuando un pirata entraba al área bajo cubierta, simplemente se cambiaba de ojo el parche y el que había estado tapado ya estaba acostumbrado a la oscuridad, así que veía mejor ahí adentro. ¡Qué gran truco!

Pese a lo que te digan las películas, nunca debes succionar el veneno cuando uno de tus amigos sea mordido por una serpiente venenosa. Para cuando comiences a succionarlo, lo más seguro es que ya haya ingresado a su torrente sanguíneo. Además, corres el riesgo de ingerirlo. Lo mejor es ir a un hospital de inmediato, donde puedan aplicar un antiveneno.

Del 25 de julio al 23 de septiembre de 2001, los pobladores de Kerala, India, fueron testigos de numerosas lluvias. Lo raro fue que la lluvia era roja como sangre y, al analizarla, encontraron rastros de ADN. La investigación concluyó en 2013 y determinó que todo se debía a una acumulación masiva de esporas de un alga llamada *trentepohlia annulata*, proveniente de Austria. Pero seguro muchos creyeron que era el apocalipsis.

¿De dónde vienen las calabazas con vela que se usan en Halloween? Se deben a una leyenda irlandesa sobre un bribón llamado Jack, quien una vez logró engañar al diablo para no ir al infierno por sus fechorías. Al morir, Jack no pudo ir al cielo por ser mala persona, pero tampoco podía ir al infierno por haber engañado al diablo. Desde entonces se le conoce como Jack O'Lantern (Jack de la linterna), nombre que también reciben las populares calabazas.

Cada año se sirven 180 000 litros de jugo de tomate en los aviones. En realidad, no sé si haya mitos al respecto, pero me pareció un gran dato, ¿por qué a los pasajeros les gusta tanto?

184

Antes de que el color naranja recibiera su nombre
por la fruta, los europeos simplemente lo llamaban
rojo-amarillo. ¡Tan creativos!

185

Dicen que comer naranjas evitará que te resfríes.
¿Esto es un mito? Más o menos. Los cítricos, como
las naranjas, los limones, las mandarinas y las toronjas,
contienen vitamina C. Aunque esta vitamina no evitará
los resfriados, sí ayudará a que sus síntomas sean menos
severos y el resfriado más breve.

186

Aunque pueda parecer que las enredaderas o el musgo
son las plantas que crecen más rápido, en realidad
el récord le pertenece al bambú. Esta planta puede
crecer hasta 90 centímetros cada día.

187

Aunque los jugos de naranja son muy ricos, tampoco
son la opción más sana. Al exprimir las naranjas,
mandarinas y otras frutas, se extraen el agua y los
azúcares que contienen, pero la fibra, que es mucho más
sana, se queda. Por eso es mejor que comas la fruta entera.

188

Una leyenda urbana decía que Atari, una consola
de videojuegos, se quedó con tantos cartuchos
sin vender del videojuego *E.T., el Extraterrestre*,
que decidieron enterrarlos en el desierto de Nuevo México,
Estados Unidos. La leyenda resultó ser cierta.
En 2014, los responsables del documental *Atari:
Game Over* (2014) lograron desenterrar 1300 cartuchos
(10 % de los cuales eran de *E.T., el Extraterrestre*)
de los cerca de 700 000 que Atari asegura haber enterrado,
así como restos de consolas y computadoras.

189

De acuerdo con algunos padres de familia, los videojuegos
arruinarán tu vida social. Sin embargo, se ha comprobado
que los juegos que requieren de trabajo en equipo, como
World of Warcraft, League of Legends o incluso *Fortnite*,
transmiten habilidades cooperativas al mundo real.
Gracias a esto, muchas personas se conocen a través
de plataformas en línea y luego se vuelven amigos
en el mundo real.

190

El miedo al número 13 se llama triscaidecafobia.
Lo cual nos lleva a otra fobia: la *sesquipedalofobia*,
que es el miedo a las palabras largas. Lo cual es irónico
porque sesquipedalofobia es una palabra muy larga.

191

Aunque la bombilla es uno de los inventos de
Thomas Alva Edison, resulta que él no la inventó. Warren
de La Rue y Joseph Swan ya habían desarrollado algunos
prototipos en 1840, pero no eran funcionales. La clave
del éxito es inventar algo útil.

192

Quizá *Drácula*, del escritor irlandés Bram Stoker, sea el
libro sobre vampiros más famoso, pero no fue el primero.
Este honor le pertenece a *El vampiro*, de John Polidori,
quien fue doctor del famoso poeta Lord Byron. Durante
mucho tiempo se creyó que Byron era el autor de este libro
y pasó buena parte de su vida desmintiendo este mito.

193

**Las naranjas comunes tienen exactamente 10 gajos.
Anda, ve a contarlos si quieres.**

194

Todos los papás decían: "No juntes tus ojos al centro
porque te vas a quedar así". Esto es un mito. Al relajarse,
los músculos de los ojos regresan a su posición,
por lo que puedes ir por la vida haciendo todas las
caras raras que quieras.

195

¿Los humanos somos las únicas criaturas que usan retretes? Por más increíble que parezca, no es verdad. Las musarañas arborícolas, pequeños mamíferos parecidos a un ratón de trompa alargada, se alimentan del líquido que una planta carnívora produce en su interior y luego evacúan en él. ¡Lo usan como retrete!

196

Según el mito, Napoleón Bonaparte, quien fue emperador de Francia, era muy pequeño. Incluso existe algo llamado complejo de Napoleón, que es cuando una persona de poca estatura es muy agresiva y ambiciosa. Pero Napoleón no era enano. Medía 1.69 metros, que era la altura promedio de los franceses de aquella época.

197

Los mitos de barcos fantasmas son tan viejos como los marineros, pero tienen una explicación. Existe un fenómeno óptico llamado Fata Morgana. Cuando entre nosotros y un barco hay una zona con aire frío cerca del mar y aire caliente más arriba, la luz se "dobla", lo que hace que el barco parezca flotar a unos metros sobre el agua. Si no conoces este fenómeno, seguro piensas que se trata de un barco fantasma.

198

Seguro alguna vez escuchaste que los chicles venían
de los árboles. Pues era verdad hasta hace poco. Hoy,
la mayoría de los chicles se producen a base de acetato
polivinílico, un tipo de adhesivo químico gomoso. Quizá
esa sea una mejor razón para no andar tragando chicles.

199

A veces es difícil saber si alguien va a tener muy mala
suerte. Ramón Artagaveytia, un hombre del siglo XIX,
sobrevivió al incendio y hundimiento de un barco en 1871
y decidió no subir a un navío hasta 41 años después. Fue
en 1912 cuando decidió abordar el Titanic, un barco
británico que naufragó en medio del Atlántico por golpear
un iceberg en su camino a Estados Unidos
en 1912. Lamentablemente, Ramón murió.

200

Mucha gente piensa que las vacunas no sirven porque
causan efectos secundarios como fiebre y dolor muscular.
Esto no significa que la vacuna te enferme, sino que es la
respuesta normal a una enfermedad viral, pero sin el riesgo
de la verdadera enfermedad y sus complicaciones.

201

La naranja nació gracias a que los jardineros de
la antigüedad combinaron las toronjas y las mandarinas
y de ellas nació la naranja.

202

Aunque no lo creas, la imagen de los vampiros
ha cambiado. Ahora son muy aristocráticos, pero antes
eran campesinos que habían fallecido recientemente,
no necesitaban de su tierra natal para nada y una estaca
al corazón no les hacía absolutamente nada.

203

Aunque hay quienes piensan que los robots solo pueden
ser maníacos homicidas, actualmente Japón dedica parte
de su presupuesto a la creación de robots que ayuden
y acompañen a los adultos mayores en sus tareas diarias
y a no sentirse solos, ya que el 25% por ciento de su
población es de la tercera edad y se espera que este
número ascienda a 40% para 2065.

204

Ahora voy a destrozar una realidad que creías segura:
el cielo no es azul. La luz de mayor energía es en
su mayoría violeta o ultravioleta y solo el rango más
bajo de esta luz es azul, pero a nuestros ojos les falta
una estructura capaz de detectar esos intensos tonos
purpúreos y solo alcanzamos a ver los tonos azules.
En realidad, el cielo es violeta.

205

¿Quieres sorprender a tu mamá con tus habilidades de jardinería? Cuéntale este secreto: los jardineros profesionales usan ralladura de cáscara de naranja porque sirve como repelente de caracoles y babosas, una plaga común que devora las plantas en los jardines caseros.

206

No es un mito de la ciencia ficción. El miedo a que los robots nos conquisten tiene nombre: se le llama robofobia. Incluso desarrolladores de tecnología, como Elon Musk y Bill Gates, sufren de ella y en más de una ocasión han advertido de los peligros de llevar el desarrollo de robots demasiado lejos. Debe ser por algo, ¿no crees?

207

Calcular la edad de un árbol contando los anillos en su tronco es tan cierto que incluso tiene nombre. A esta ciencia se le llama dendrocronología.

208

¿Plutón es un planeta? Pues no, ya que no cumple con un criterio básico para ser considerado como tal: ser lo bastante grande para que no haya otro objeto de tamaño similar en su órbita. Ya que hay otros cuerpos rocosos de tamaño similar, se le considera un planeta enano.

209

Mucha gente solo conoce al pintor Vincent van Gogh
por la historia de que se cortó una oreja para regalársela
a su novia. Durante algún tiempo se creyó que era un mito.
Pero en 2016 se descubrió evidencia proveniente del doctor
que lo trató, que confirma que se cortó casi toda la oreja,
salvo por un cachito del lóbulo inferior.

210

¿Los ojos te dicen cuando alguien te miente?
Según un mito, puedes saber cuando alguien miente porque
evita mirarte a los ojos. Esto no es necesariamente
verdad, pues la gente tímida y ansiosa suele comportarse
así aunque digan la verdad. En realidad es muy difícil
descubrir a un mentiroso.

211

Quizá pienses que los fantasmas son algo nuevo,
pero han formado parte de nuestras culturas desde
la antigüedad. Orestíada, una trilogía de tragedias griegas
que data del 458 antes de Cristo, cuenta la historia del
fantasma de una mujer que busca justicia debido a que
su hijo la asesinó. Esta es una de las primeras apariciones
de un fantasma en la literatura.

212

Otro mito a derribar: resulta que los vampiros del folclor europeo no tienen colmillos; esto es un invento de la ficción del siglo XIX que más tarde se popularizó gracias a la influencia de la novela de Bram Stoker.

213

Siempre han sido populares los chistes sobre lo horrible que es la comida de avión, pero no son mitos. El cambio de presión durante un vuelo afecta las papilas gustativas, por lo que una comida normal no sabe a nada durante un vuelo. Esta se sirve con un exceso de sal y condimentos para que tenga algo de sabor.

214

El volumen de una manzana incluye un 25 % que solo es aire. Eso las hace menos densas que el agua y por ello flotan. Pero eso no las hace menos dolorosas cuando te caen en la cabeza.

215

Tal vez conoces la frase "una manzana al día mantendrá lejos al doctor". Aunque las manzanas no reducen las visitas al médico, contienen fibra, vitaminas A y C y una variedad de otros nutrientes que fortalecerán tu sistema inmune. Así, cuando te enfermes, te recuperarás más rápido.

216

Algunos barcos fantasma son reales, pero están rodeados de misterios. En 1947, dos barcos recibieron una llamada de alerta de otro, llamado Ourang Medan. Quien llamó aseguró que toda la tripulación estaba muerta y terminó su mensaje con las palabras "yo muero". Los equipos de rescate encontraron el barco sin ningún daño, pero toda la tripulación, incluido un perro habían muerto con expresiones de terror en el rostro. El barco comenzó a incendiarse y estalló, por lo que no se sabe qué fue lo que sucedió.

217

¿Sabes nadar? Felicidades, eres uno de los pocos primates que puede hacerlo. Pues, aunque parezca mito, tal habilidad no es natural en este tipo de mamíferos, como los chimpancés o los gorilas. De hecho, dichos animales tienen un porcentaje tan bajo de grasa que les cuesta flotar en el agua. Somos los primos con suerte de la familia, ¿no crees?

218

Los aracnofóbicos no quieren saber nada de arañas y telarañas, pero en la Antigüedad no tenían opción si se lastimaban. Los doctores de Grecia y Roma usaban telarañas como vendajes para sus pacientes ya que contienen sustancias que matan a las bacterias y los hongos, lo que ayudaba a prevenir infecciones.

219

¿Mascar chicle es bueno para los dientes? Es verdad. Se ha comprobado que el chicle ayuda a protegerlos tras comer porque masticar favorece la producción de saliva, lo que neutraliza la acidez de la boca. Eso sí: el cepillado sigue siendo la única forma de no quedarte sin dientes.

220

En la escuela nos enseñan que cereales como el trigo, el arroz y el maíz dieron origen a la agricultura. Ahora sabemos que esto es incorrecto. En 2006, un grupo de arqueólogos encontró restos de un cultivo de higos en las ruinas de una casa en Palestina. ¡Los restos datan de hace 11400 años! Esto los hace la planta cultivada más antigua del mundo.

221

El Príncipe, la obra más famosa de Nicolás Maquiavelo, un filósofo italiano del siglo XIV, es una guía sobre cómo gobernar y ser temido aunque muchos historiadores argumentan que es una crítica burlona a los gobernantes italianos de su época, quienes antes de escribir el libro lo mandaron golpear por criticarlos. El resto de su obra aboga por un gobierno justo con el pueblo, pero eso no evita tristemente, *maquiavélico* sirva para describir algo malvado.

222

¿Sabías que el sol no está donde crees que está? Aunque el sol parezca estar en un punto del cielo, en realidad la luz solar tarda 8 minutos y 19 segundos en llegar a la Tierra, lo que significa que hace 8 minutos y 19 segundos que el sol dejó de estar donde parece estar.

223

¿El perro es nuestro mejor amigo? ¡Sí! Y también el más antiguo. En 2015 se encontraron restos de una especie de lobo domesticado por los humanos en la península de Taimyr, en Rusia. Los restos tienen una antigüedad de 35 000 años y desde entonces hemos sido inseparables.

224

¿Es cierto que la domesticación es para siempre? No. Aunque tu perro no se volverá lobo de repente, existen diversas especies de animales que se han vuelto a adaptar a condiciones naturales luego de escapar de los humanos, como los dingos australianos, unos perros domésticos que se volvieron salvajes.

225

Los gatos fueron domesticados alrededor del 7500 antes de Cristo por los egipcios. Aunque desde el punto de vista de los gatos, los humanos fuimos los conquistados y desde entonces ellos son nuestros amos y dioses.

226

¿Qué tan antigua es la idea de los fantasmas?
En la cultura mesopotámica, luego de la muerte, el alma
iba a la tierra de los muertos llamada *Irkalla*, de donde
no había regreso. Incluso los dioses podían morir
y cuando lo hacían, sus almas se quedaban allá para
siempre. Solo se le permitía a un alma volver si había
alguna injusticia que necesitara corregir.

227

¿Es cierto que los gatos odian el agua? Cualquiera que tenga
a estos animales como compañía te puede decir que es
cierto, pero el mito se debe a que los gatos domésticos
no están acostumbrados a los elementos naturales.
Muchos felinos salvajes se sienten cómodos en el agua.

228

Seguro estás más que familiarizado con la cuarentena,
pero ¿por qué se llama así? La palabra proviene del
veneciano para "cuarenta días", que era el número
de días que un barco debía pasar en el muelle antes de
poder zarpar con nuevos pasajeros y tripulantes debido
a la peste negra que azotó Europa en el siglo XIV. Quienes
descendían de un barco debían pasar una treintena
en aislamiento, ¿te suena parecido?

229

Que la leche sea buena para nosotros no es pura
propaganda. La leche estimula la secreción de saliva,
lo que disminuye la acidez de la boca. Además, contiene
nutrientes como el fósforo y el calcio. La Organización
Mundial de la Salud (OMS) respalda los lácteos como
agentes en la prevención de caries.

230

Y ahora, un poema: las violetas son azules, las rosas son
rojas, ¿sabes qué más se encuentra en la familia
de las rosas? Los duraznos, las peras, los albaricoques,
el membrillo, las fresas y las manzanas. De hecho,
los pétalos de la rosa se pueden comer, al igual que
un durazno. ¡Qué delicia!

231

Ojalá esto fuera un mito. En la isla de Cerdeña, en Italia,
se prepara un queso muy especial: le ponen larvas de
mosca encima. Las larvas se comen el queso y al digerirlo
lo fermentan, por lo que adquiere un sabor muy particular.
Aunque su venta está prohibida, su preparación no, por
lo que muchos habitantes de la isla aún lo elaboran para
compartirlo con amigos y familiares. Se llama *casu marzu*,
que en la lengua de la isla significa "queso podrido".
¿Te dan ganas de probarlo? A mí no.

232

Con los coches y la velocidad llegaron los accidentes.
El primer accidente de un coche ocurrió en 1891. Un
hombre llamado James William Lambert conducía su
coche por Ohio, Estados Unidos, cuando una de las llantas
golpeó la raíz de un árbol, perdió el control y fue
a dar contra un poste. Esta historia no es nueva.

233

No solo la leche es buena, otros productos lácteos como
el queso y el yogurt son buenos para ti ya que aportan el 70 %
del calcio total recomendado para fortalecer los huesos
y regular tanto el ritmo cardíaco como
las funciones musculares.

234

Seguro has escuchado del temible Triángulo
de las Bermudas, una zona del Caribe donde barcos
y aviones desaparecen misteriosamente. Pero el misterio
es un mito. Las desapariciones se pueden explicar debido
a que la zona es azotada constantemente por tormentas y
las búsquedas se complican ya que los restos de barcos
y aviones pueden acabar a kilómetros de donde se
perdieron. En realidad, tiene la misma tasa de
desapariciones que cualquier otro lugar del mundo.

235

La Torre Eiffel es uno de los símbolos más famosos de Francia, pero originalmente no iba a estar ahí. Gustave Eiffel presentó los planos de su torre en Barcelona, España, pero los alcaldes de la ciudad la rechazaron. Sin embargo, el gobierno francés la aceptó. Aunque a los parisinos no les gustó mucho la idea al inicio, con el tiempo llegaron a aceptarla y ahora piensan que es una belleza.

236

Aunque a muchos espectadores les pareció irreal la inclusión de gladiadoras en la película *Gladiador* (2000), en realidad sí existieron. Se sabe muy poco de ellas porque, además de que eran pocas, casi no hay registros, pero sí las hubo.

237

Hoy existen tantas marcas de coches que es difícil saber cuál es la mejor. Pero sin duda se puede saber cuál es la que más autos produce. Ese título le pertenece a Toyota, que produce 13 000 coches al día.

238

No se sabe si porque estaba loco o porque despreciaba tanto al Senado, pero el hecho es que, en el año 37 antes de Cristo, el emperador romano Calígula nombró senador y cónsul a Incitatus, su caballo de carreras favorito.

239

¿Es cierto que la leche produce mocos y flemas
y por eso no debes beberla cuando estás resfriado? No,
es un mito. Aunque luego de beber leche puede haber
una sensación espesa en la garganta y la boca, esto se debe
a la textura de la grasa natural en la leche. Pero tomar
leche no hará que te sientas peor.

240

Cuando dibujamos, por lo general pintamos el sol de
amarillo porque creemos que es de ese color, ¿no? Pues
no. Cuando la luz del sol llega a nuestros ojos, ya atravesó
buena parte del sistema solar y toda la atmósfera terrestre,
lo que hace que se doble, filtre y disperse. Entonces la luz
que sí llega a nuestros ojos adquiere un tono amarillento.
Pero en realidad el sol es blanco. ¡Qué aburrido!

241

En una secuencia clásica de película de acción, el héroe
arrasa con todo un ejército con una ametralladora,
disparando sin parar y solo se detiene a recargarla cuando
ya acabó con todos los malos. En realidad, la capacidad de
carga de un arma es muy poca. Un rifle automático dispara
apenas por 3 segundos de forma continua antes de que se
le acaben las balas. Además, al disparar, las armas
se calientan. ¡Puros inventos de fantasía!

242

En 1955, el MV Joyita, un barco pesquero, fue encontrado
en el Pacífico sur 5 semanas después de que se le reportara
como perdido y a casi 1 000 kilómetros de su ruta original.
A bordo había una bolsa médica y muchos vendajes
ensangrentados. Nunca se supo qué sucedió y la tripulación
nunca volvió a ser vista. No por nada hay tantos
mitos sobre el mar.

243

En las películas es común que el malo golpee
a una víctima en la cabeza para desmayarla, atarla y poder
hacer fechorías. En la vida real, no solo es muy difícil
desmayar a alguien de un golpe en la cabeza, también
es sumamente peligroso porque causa daño cerebral
a largo plazo. Así que ni lo intentes ni les creas.

244

El barco fantasma más famoso es el Holandés Errante,
pues no solo aparece en películas. Según el mito, es
un barco del siglo XVII cuya tripulación quedó maldita
cuando su capitán se negó a buscar refugio durante una
tormenta y, en medio del caos, retó a Dios a hundirlo.
Hasta la fecha, muchos navegantes aseguran haberlo
visto a la distancia por los océanos de todo el mundo.

245

¿Los huevos son muy buenos o son muy malos?
Las investigaciones sobre huevos van y vienen. A veces
dicen que son benéficos y, a veces, que son malos. Un
estudio de 2018 encontró que no contribuyen al nivel del
colesterol. Además, son fuente de vitaminas
y antioxidantes buenos para el cerebro.

246

¿Qué produce la sensación picante en los chiles?
La culpable es una sustancia llamada capsaicina, la cual
se concentra en una pequeña membrana blanca dentro
del chile y también puede encontrarse en las semillas.

247

Hay una escena del filme *Piratas del Caribe: En el*
fin del mundo en la que los piratas logran voltear
su barco corriendo de un lado al otro de la cubierta.
Pues esto se puede lograr, incluso con barcos modernos.
En 2004, un yate de fiestas se volcó en la orilla de un lago
de Texas cuando todos los pasajeros corrieron al mismo
tiempo hacia un lado del barco. Por favor, no lo intentes
si no quieres terminar empapado.

248

Los primeros consumidores de chile fueron los indígenas
mayas, aztecas y también los incas. Hay evidencias de
su consumo que datan de hace más de 8 000 años.

Este es un clásico de las abuelas: "Si estás enfermo,
no hay nada mejor que un caldo de pollo". Y como todas
las abuelas del mundo siempre tienen razón, ¡es verdad!
Además de contener líquidos y minerales, el pollo ayuda
a dar alivio al estómago y las verduras, como la zanahoria,
contienen vitamina A, que ayuda a fortalecer
el sistema inmune.

¿La forma en la que percibimos los alimentos
no es del todo real? El sabor, el color, la textura y el olor
son información que el cerebro mezcla para determinar
una experiencia: si eliminas la información del olfato,
el cerebro no logra interpretar apropiadamente el sabor
y lo altera.

La comida picante es la favorita de muchos países
en el mundo, como México o Turquía, por lo que
es común escuchar que si comes en exceso te saldrá una
úlcera en el estómago. Pero esto es falso. Hoy se sabe que
la mayoría de las úlceras estomacales son causadas por
una bacteria llamada *Helicobacter pylori*. Otras pueden
ser causadas por medicamentos agresivos con el estómago.

252

Se cree que la comida picante mantiene su efecto
hasta la hora de ir al baño, pero luego de pasar por el
estómago y el intestino delgado, en realidad todos los
elementos del chile son descompuestos y digeridos,
por lo que no son igual de picosos al salir que al entrar.

253

Solemos pensar que los faraones eran gobernantes
nobles y aunque en general sí, algunos no lo eran tanto.
Cuando el faraón Pepi II se sentía fastidiado por las
moscas y mosquitos que azolaban Egipto, ordenaba
que uno de sus sirvientes fuera cubierto de miel
y se parara a unos cuantos metros de él para que los
insectos molestaran al sirviente. ¡Vaya cretino!

254

¿Sabías que hay un lugar donde las piedras se mueven
solas? En el Valle de la Muerte, Estados Unidos, hay unas
piedras conocidas como piedras navegantes porque detrás
de ellas aparecen largos surcos de varios metros de largo.
Sucede que durante la noche, se forman pequeños cristales
de hielo bajo las piedras y los fuertes vientos deslizan
las piedras sobre ellos. Por la mañana, el hielo desaparece
y parece que la piedra se arrastró por la arena.

255

¿Es cierto que los gatos odian a los perros? Quizá las caricaturas lo digan, pero en realidad no es un instinto natural. La convivencia temprana es muy importante para determinar las relaciones entre ellos. Muchos gatos y perros que han convivido desde pequeños desarrollan lazos de amistad que duran para toda la vida.

256

Los hongos han ayudado a la medicina a desarrollar antibióticos como la penicilina, pero también pueden ser dañinos. Algunas infecciones de ojos, el pie de atleta y una enfermedad parecida a la gripe que se llama fiebre del valle son ejemplos de enfermedades causadas por hongos.

257

Una de las actividades más icónicas de los piratas era enterrar o guardar tesoros en una isla secreta, pero esto solo pertenece al reino de los cuentos y las películas. Los piratas entendían que no tenían una esperanza de vida muy larga por la violencia que enfrentaban y las enfermedades que padecían, así que solían gastarse todo lo que robaban apenas tocaban tierra. Es más probable que te encuentres un tesoro en un barco hundido que en una isla desierta.

258

Según viejas tradiciones del mundo antiguo, si dejas cebollas crudas por la casa puedes evitar enfermedades. Pero no lo creas. Aunque las cebollas contienen un antibiótico suave que puede evitar infecciones, no eliminan los virus en el aire. Solo harán que tu casa huela a cebolla.

259

Es curioso que la mayoría de los mitos sobre videojuegos vengan de personas que no los juegan. Uno de ellos dice que es un pasatiempo sin imaginación o creatividad. En realidad, el 60 % de los jugadores en edad escolar asegura que sí lo hace, el 27 % crea y publica videos sobre sus partidas, las cosas que han descubierto en un juego o sobre estrategias para pasar un nivel difícil. El 28 % ha realizado *cosplay*, una actividad que requiere de creatividad e imaginación para lograr replicar la apariencia de sus personajes favoritos.

260

¿Es cierto que te piden que apagues tu celular cuando estás en un avión porque podría hacer que el avión se estrelle? No, es un mito. La verdadera razón es que muchos celulares encendidos pueden interferir con la comunicación entre los pilotos y la torre de control durante aterrizajes y despegues.

261

La capsaicina, la sustancia que hace que los chiles piquen,
puede causar una sensación de irritación y ardor en
la lengua y la piel, pero solo en los mamíferos, como
los perros, los gatos o los humanos. Las aves son inmunes
a sus efectos y gracias a esto pueden comer picante,
lo que ayuda a dispersar las semillas para que crezcan
más árboles de chile.

262

Todos sabemos que si un vampiro es tocado por la luz
del sol se muere. Todos estamos mal. En el folclor eslavo,
los vampiros son más activos durante la noche,
pero ninguna tradición mitológica dice que estallen,
se derritan o ardan en el día.

263

Es curioso, pero los gatos también tienen mitos. Uno
de los más comunes es que los humanos somos inexpertos.
Por instinto, los felinos enseñan a sus cachorros a cazar
y la primera lección ocurre con animales heridos. Si tu
gato te ha llevado alguna vez un pajarito o una lagartija,
es porque nunca te ha visto cazar, cree que no sabes
hacerlo y quiere que practiques.

264

Aunque hoy el chile se cultiva en todo el mundo, investigadores de la ciudad de Davis, en Estados Unidos, ubicaron el lugar de nacimiento del chile en un área del territorio mexicano que se extiende en la parte sur del país, incluyendo estados como Puebla, Oaxaca y Veracruz.

265

Muchos piensan que los sobrenombres vikingos compuestos por un nombre y un título descriptivo, como Olaf el Grande o Mjolrn el Fuerte, son un invento de la ficción. En realidad esta convención era muy común. Y muchas veces eran divertidos. Se tienen registros de vikingos con nombres tan curiosos como Ketil Nariz Plana, Thorbjorg Senos de Barco y el mejor de todos, Eysteinn Flatulencia Apestosa.

266

Series como *La ley y el orden* o *CSI* muestran a un técnico forense haciendo pruebas para encontrar ADN u otra evidencia mientras el detective habla al lado y resuelve el caso. Esto es un mito. En realidad, los laboratorios forenses no se encuentran en las oficinas de la policía, los policías no están encima de los forenses y el proceso para analizar evidencia puede tomar varios días o incluso semanas. No todo es tan rápido como parece.

267

Mike, el pollo sin cabeza, fue un pollo que, como su nombre indica, sobrevivió sin cabeza durante 18 meses, de septiembre de 1945 a marzo de 1947. Su dueño lo decapitó pero el pollo no se murió. El dueño decidió cuidarlo, alimentándolo con pequeños granos de maíz y una mezcla de leche con agua que le daba con un gotero. Mike finalmente murió asfixiado porque su garganta se resecó y no le entraba suficiente oxígeno.

268

En diversas películas puedes ver a un psicólogo realizando hipnosis en sus pacientes para ayudarlos a recordar memorias traumáticas reprimidas. Esto fue una práctica psicológica común hasta la década de 1990, cuando múltiples estudios descubrieron que la hipnosis no revelaba recuerdos reprimidos, sino que creaba memorias falsas de eventos traumáticos. No era tan agradable.

269

El sistema solar no termina en Plutón. Llega hasta un conjunto de cuerpos rocosos que reciben el nombre de Nube de Oort. Aunque no hay una cifra exacta, esta nube podría estar conformada por hasta 100 billones de objetos. Se estima que su punto más lejano está entre 1.58 y 3.16 años luz del sol. Y tú creías que África quedaba lejos.

En las películas con escenas de acción a bordo de un avión, seguramente alguien le disparará a una ventanilla, todo el avión se hará pedazos y varias personas saldrán volando. El asunto es que ni los aviones ni las ventanillas son tan frágiles. Aunque la descompresión repentina puede afectar el interior del avión, su estructura es lo bastante fuerte para no sufrir daños por un disparo.

¿El país Chile se llama así por los chiles? ¿O porque tiene forma de chile? Teorías interesantes, pero inciertas. Todo es casualidad. La palabra para el alimento proviene del náhuatl, *chilli*, que pasó al español como *chile*. Para el país, la teoría más aceptada es que recibe su nombre por una palabra idéntica, *chilli*, pero que proviene del aimara, una lengua de los nativos incas de Sudamérica. Significaba "confín", porque esa región era el final de su imperio.

La televisión tuvo una gran influencia en la forma en que soñamos. El 12% de la gente sueña en blanco y negro y la mayoría son adultos mayores. Esto tiene que ver con la experiencia visual que tuvieron con la televisión durante sus primeros años, aunque también hay quienes sueñan en blanco y negro independientemente de esto. ¡Qué alivio que después se inventó la televisión a color!

273

La idea de que sacarse los mocos de la nariz es malo es puro mito. De acuerdo con Julieta Fierro, una astrónoma mexicana muy reconocida, la mucosa nasal tiene muchos anticuerpos por ser la primera línea de defensa contra enfermedades respiratorias y, al sacarnos los mocos con los dedos, esta recibe valiosa información sobre gérmenes. Así se logra fortalecer nuestro sistema inmune. Que tus papás no te detengan, ¡sácate los mocos!

274

Hay un mito que dice que las ratas son tan abundantes que siempre estarás a 2 metros de una, pero no es verdad. De hecho, un estudio en la ciudad de Nueva York, donde se creía que incluso había más ratas que humanos, determinó en 2014 que su población de ratas era de 2 millones, mientras que la población humana era de 8 millones.

275

Si piensas ser sobrecargo algún día, tienes que saber que no es una vida fácil. Durante su entrenamiento, los sobrecargos se enfocan en su sistema vestibular (el responsable de que te marees o no) usando una silla de oficina para dar vueltas durante un minuto en una dirección y al siguiente minuto dando vueltas en la dirección opuesta. Tienen que hacer esto todos los días durante un mes. Solo de pensarlo, todo me da vueltas en la cabeza.

276

¿No acostumbras comer mocos? El cuerpo humano
produce entre 600 y 700 mililitros de moco al día que
se descargan hacia el estómago poco a poco cada
20 minutos, entonces sí, aproximadamente comes
2.8 tazas diarias de moco. Buen provecho.

277

¿Podrías verte como un chimpancé peludo y con garras
luego de viajar en avión? Según anécdotas de algunos
pasajeros, las uñas y el cabello crecen más rápido durante
los vuelos en avión y las explicaciones van desde estrés
físico hasta la deficiencia de oxígeno y la deshidratación,
pero ninguna de estas historias se ha comprobado.
Así que esto solo es un mito.

278

Cuando los chiles se asan, el humo que despiden
suele causar mucha tos. Hay quienes dicen que incluso
parece gas lacrimógeno, con mucha razón. Los antiguos
indígenas lo usaban como herramienta de guerra.
Quemaban chiles y esperaban que el viento llevara
el humo hasta sus enemigos para hacerlos toser como
locos y poder atacarlos mientras estaban vulnerables.

279

Hay un mito que dice que las serpientes jóvenes son más peligrosas que las adultas porque no han aprendido a controlar la cantidad de veneno que inyectan, pero no hay nada de cierto en esto. Los biólogos aún no han determinado si las serpientes son capaces de dosificar su veneno y, en muchas especies, este se vuelve mucho más potente con el paso de los años.

280

Aunque los cohetes espaciales son recientes, la verdad es que el concepto *cohete* es mucho más antiguo. En el siglo XVII ya se utilizaba la palabra italiana *rocchetto* para hacer referencia a los cilindros impulsados por algún combustible. La tecnología no es tan nueva como parece.

281

El mito de que los ratones viejos, como se les llama a las mariposas negras, auguran muerte es puro cuento y data desde la época prehispánica. En Mesoamérica se le conocía como *mictlanpapalotl* (mariposa del país de los muertos), *micpapalotl* (mariposa de la muerte), *miquipapalotl* (mariposa de la mala suerte) o *tetzahuapapalotl* (mariposa del espanto). En realidad son inofensivas. ¡Cuánta difamación!

282

Según la gente positiva, es más fácil sonreír que
fruncir el ceño. Pues no es cierto. En promedio,
una sonrisa requiere de 12 músculos, mientras que
fruncir el ceño solo requiere de 11. Ser feliz realmente
cuesta más trabajo que enojarse.

283

¿Es cierto que el chile más picoso es el habanero?
Ni de cerca. Existe una escala para medir la intensidad
del picante en los chiles, llamada escala de Scoville. Un
chile habanero tiene 350 000 unidades de calor de Scoville,
con lo que apenas alcanza el noveno lugar. El primer lugar
es para el chile Aliento de Dragón, lo cultiva un hombre
en Gales y tiene ¡2 480 000 unidades! ¿Lo probarías?

284

Seguro has notado que las polillas suelen volar hacia
los focos o las fogatas. Pues contrario a la creencia popular,
no es porque la luz las hipnotice. Lo que sucede es que,
durante millones de años, las polillas utilizaron la luz
de la luna para guiarse durante sus vuelos. Ahora las
ciudades están llenas de fuentes de luz que opacan a la
luna, lo cual las desorienta. Simplemente intentan
mantener su ángulo de vuelo y terminan dando
vueltas en círculos en torno a ellas.

285

La frase "navegar la web" fue acuñada en 1992 por
Jean Armour Polly, una bibliotecaria de Nueva York,
quien es conocida como la "la mamá de la red" porque
fue la primera persona que conectó la computadora
de una biblioteca pública con la naciente red y también
escribió el primer directorio enciclopédico de recursos
de Internet para niños en 1996.

286

Seguro has visto u oído hablar de una especie de polilla
gigante, o mariposa negra y del temor que la gente les
tiene por augurar la muerte. En inglés se les llama *black
witch*. Pero solo son animalitos que se refugian de sus
depredadores en las casas. No les hagas daño si las ves.

287

¿Es cierto que los duelos con pistola en Uruguay
son legales, pero tienes que ser donador de sangre para
participar en uno? Este parece ser un mito doble: Aunque
Uruguay sí legalizaron los duelos en 1920, los volvieron
a prohibir en 1992 y actualmente no se pueden llevar
a cabo. Además, en ningún momento durante
ese periodo se exigió a ningún duelista ser donador
de sangre. ¿A quién se le ocurren estas cosas?

288

Antes creíamos que el guepardo era el animal
más rápido del mundo. Ahora sabemos que el título
se lo lleva el halcón peregrino, que puede alcanzar
hasta los 389 kilómetros por hora cuando caza.

289

¿Es cierto que el tamaño de un chile determina su picor?
Puede sonar como un mito, pero en general es cierto.
Los chiles grandes, como el poblano, prácticamente
no pican, mientras que los chiles más picosos del mundo
apenas son más grandes que la uña de un adulto.

290

La gente advierte que no debes comer demasiado picante
porque matará tus papilas gustativas. Pero nada más
alejado de la realidad. Como todo en tu cuerpo, las células
que las conforman se renuevan con el tiempo. Incluso
si el chile pudiera matarlas, las papilas gustativas de tu
lengua se renuevan aproximadamente cada dos semanas.

291

¿Te han dicho que los pimientos pueden ser femeninos
o masculinos dependiendo de cuántas protuberancias
tienen debajo? Esto es falso. La mayoría de las plantas
producen flores que pueden ser masculinas o femeninas,
pero los frutos no son ni uno ni otro.

292

Mucha gente cree que los sobrecargos pueden ajustar la temperatura dentro de un avión. En realidad, cuando alguien se los pide, solo hacen como que aprietan un botón o algo parecida, porque la temperatura no depende de ellos. Los aviones por lo general son fríos porque la temperatura cálida aumenta las probabilidades de que la gente se desmaye. Viéndolo así, un poco de frío no es tan malo.

293

La multa de tránsito más costosa de la historia fue entregada a un hombre anónimo en Suecia en el año 2010. El hombre viajaba a 289 kilómetros por hora. Como en Suecia las multas son proporcionales a la velocidad por encima del límite permitido y a los ingresos del infractor, la multa total fue de 290 000 dólares. Ni mi coche entero vale eso porque básicamente es una bicicleta.

294

Hay quienes dicen que si se te cae comida al suelo, tienes 5 segundos antes de que se ensucie y, por lo tanto, sigue siendo comestible. Pero no es tan cierto. Entre más la dejes tirada, más se contaminará. ¿Te comerías una papa que cayó donde antes pudo haber una popó de perro? Mejor no la recojas.

295

Seguro piensas que el lugar más frío del mundo son tus
pies en invierno, pero no están ni cerca. La temperatura
terrestre más baja se registró en la Estación Vostok, un
centro de investigación ruso ubicado en la Antártida.
Allí el termómetro registra temperaturas tan bajas como
-89.2° centígrados. Y sí, seguro ahí también se encuentran
los pies más fríos del mundo.

296

Su éxito es casi mitológico y no hay forma de negarlo o
superarlo: la franquicia de videojuegos más exitosa de todos
los tiempos es la de *Mario Bros.*, de Nintendo, con ventas de
676 millones de dólares a nivel mundial. Nada mal para un
plomero que come hongos de dudosa procedencia.

297

¿Sabías que existe una mansión para fantasmas?
En California, Estados Unidos, hay una casa llamada
Mansión Winchester, construida por la esposa del
inventor de los rifles Winchester. Su dueña construyó
más de 7 pisos de habitaciones que forman un verdadero
laberinto. Según la leyenda, la casa está embrujada con
los fantasmas de quienes murieron por causa de un arma
Winchester y la peculiar construcción sirve para que
tengan un lugar dónde habitar en paz.

298

¡Todas las frutas son dulces! Seguro lo has pensado.
Pero la verdadera diferencia entre frutas y verduras radica
en que las primeras tienen semillas, mientras que el resto
de los vegetales no. Esto quiere decir que los chiles, los
pimientos, los jitomates y los pepinos ¡son frutas!

299

**Las primeras fresas domésticas fueron cultivadas en Francia,
en el siglo XVIII. Pero las fresas se conocían desde mucho
tiempo antes. Se tienen registros de su consumo desde la
época del Imperio romano. ¡Cuánta tradición!**

300

¿Para qué sirve la cafeína? La función original
de esta sustancia es proteger los granos de café: es
un pesticida natural que mantiene alejados a los insectos
que quieren comérselos.

301

En series animadas suelen mostrar al plutonio radiactivo
como barras cilíndricas con líquido verde fosforescente,
pero esto es un mito. En primer lugar, los desechos
nucleares son materiales sólidos, no líquidos viscosos;
en segundo lugar, la radioactividad es invisible
y no brilla; por último, el plutonio es de un color
entre gris y blanco-plateado.

302

Esto parece chiste, pero es verdad. En ciertas regiones
de los Balcanes, al este de Europa, se creía que las frutas,
como calabazas o sandías, podían volverse vampiros
si se les dejaba sin alimento más de 10 días. Pero la gente
no les tenía miedo porque las calabazas y las sandías
no tienen dientes.

303

Cuando cubres el rostro de una persona y solo dejas
al descubierto los ojos, es más fácil detectar una mentira.
Esto se debe a que los ojos tienen reacciones involuntarias
cuando uno miente y, al cubrir el resto de la cara,
te concentras mejor en esas microrreacciones.

304

Se piensa que los pimientos comienzan verdes, luego
se vuelven amarillos y por último adquieren un color rojo.
Los colores son verdad, pero es un mito que sigan toda
esa secuencia. Todos los pimientos comienzan verdes
y cuando maduran adquieren ya sea el color amarillo
o el rojo. Un pimiento amarillo nunca se volverá rojo
y uno rojo nunca fue amarillo.

305

El wifi, es decir la transferencia de datos sin necesidad
de cables, llegó acompañado de mitos, como que
su radiación invisible tendría efectos terribles para
la salud, como el cáncer, pero esto aún no se ha
comprobado. Simplemente es una tecnología cuyo
funcionamiento no entendemos muchos de nosotros.

306

¿De qué color son las zanahorias? Hasta el siglo XVI
las zanahorias solían ser moradas y solo en ocasiones
surgían versiones mutadas color naranja. Los holandeses
comenzaron a cultivar a propósito las variantes
anaranjadas en el siglo XVII porque producían más
alimento por planta, tenían un sabor más dulce
y coincidía con el color del emblema de la casa real.

307

¡Las fresas no son una fruta! Calma, en realidad sí lo son,
pero no por lo que imaginas. Las frutillas, como también
se les conoce en algunos lugares de Latinoamérica,
son un tipo de tallo modificado que recibe el nombre
de infrutescencia, un conjunto de frutas que se agrupan
en un mismo cuerpo. Los puntitos que tienen las fresas
no son semillas, sino frutas pequeñas.

308

Tomarse fotos no siempre fue rápido. La primera
fotografía de la historia fue tomada en 1826 y
se necesitaron 8 horas de exposición. El creador de esa
cámara, Louis Daguerre pudo reducir drásticamente
ese tiempo a 15 minutos en 1839, que para nuestros
estándares sigue siendo una eternidad.

309

Películas de terror como *El descenso* (2005) muestran
a horribles criaturas humanoides viviendo en las
profundidades de cavernas misteriosas. Esto sería poco
probable en la realidad porque las cuevas son ecosistemas
con poco suministro de energía y sobrevivir sin salir es
difícil. Por eso, aunque los murciélagos vivan en cuevas,
todos los días buscan alimento fuera de ellas.

310

¿Es cierto que debemos tomar 8 vasos de agua al día?
Este es un mito que proviene de la recomendación que
publicó la Junta de Alimentación y Nutrición (FNB,
por sus siglas en inglés) de Estados Unidos en 1945 sobre
el consumo de agua. Si bien la cantidad de 2 a 3 litros
es correcta, a la gente se le olvidó leer el siguiente párrafo
que decía: "la mayor parte ya la contienen los alimentos,
como frutas y verduras, e incluso la carne".

311

Según un mito, Walt Disney, el creador de Mickey Mouse, mandó congelar su cuerpo criogénicamente porque era fan de la ciencia ficción y quería ser revivido algún día para ver las maravillas tecnológicas del futuro. La realidad es que fue cremado el 17 de diciembre de 1966 y sus restos, enterrados en un cementerio de California, Estados Unidos.

312

Mucha gente teme volar porque piensan que su avión se estrellará y prefieren el auto. En realidad, el riesgo de morir en un choque de avión es de 1 en 11 millones, mientras que el riesgo de morir en un accidente de coche es de 1 en 5 000. Ahora no sé a qué le tengo más miedo.

313

Ahora se sabe que los animales son capaces de sentir emociones, el doctor Johnathan Astucuri, de la Universidad Peruana Cayetano Heredia, dice que no. De acuerdo con sus estudios, cuando un perro ve a su amo, en su sangre solo hay una concentración de 30% de oxitocina, una sustancia relacionada al amor. Esta concentración sería muy baja para relacionarse con el sentimiento. Además, las capacidades cognitivas de los perros no son suficientes para desarrollar una emoción tan compleja.

314

¿Es cierto que las huellas de los astronautas que pisaron
la Luna siguen ahí? Así es. A diferencia de la Tierra,
la Luna no posee una atmósfera que produzca vientos
fuertes, por lo que su suelo se erosiona muy lento.
Entonces las huellas no desaparecerán pronto.

315

¡El agua es vida! Pero cuando consumimos más de 4 litros
de agua en pocas horas, los riñones ya no pueden procesarla
y entonces el cuerpo comienza a ponerla directo en la
sangre. Los síntomas de intoxicación por agua incluyen
dolor de cabeza, espasmos musculares y debilidad, mareo,
náusea y vómito. Ni el agua es buena en exceso.

316

¿Listo para una historia de terror real? En 2010, Ron
Sveden, un abuelo de Massachusetts, Estados Unidos,
fue al hospital porque le costaba respirar y tosía sangre.
Al operarlo descubrieron que tenía una planta de chícharos
adentro. Al parecer uno se le fue "por otro lado" y germinó
en sus pulmones, de donde obtenía oxígeno para poder
crecer. Es un caso muy poco común, por lo que no debes
preocuparte. Por cierto, Ron se recuperó sin contratiempos.

317

¿Has visto en series o películas cómo todos lloran
desconsolados cuando cortan cebolla? Pues no es mito.
Este famoso lagrimeo ocurre porque al partirlas, las
cebollas liberan partículas de sulfuro que entran a la nariz
y a los ojos. Esto irrita las glándulas lagrimales y produce
el famoso llanto. ¿Tendríamos que usar máscaras de gas?

318

¿Te han aterrorizado diciéndote que si te comes las
semillas de la sandía te va a germinar una en el estómago?
Es un clásico, pero no tiene nada de verdad. El ácido de tu
estómago es capaz de disolver la mayoría de las semillas
que te comes. Las demás siguen su curso y son expulsadas.
Además, ¿cómo obtendrían oxígeno para vivir?

319

Se cree que los agujeros negros succionan todo
a su paso como aspiradoras, pero esto es un mito. Aunque
el campo gravitatorio de un agujero negro es muy poderoso,
funciona igual que cualquier otro, como el de la Tierra
o el Sol. Depende de la masa, la distancia y la velocidad.
Por ello, un objeto puede lograr una órbita estable
alrededor de un agujero negro y nunca caer en él.

320

Aunque tus papás te digan que es malo mentir,
te voy a contar un secreto: todos lo hacemos. 60% de las
personas mienten al menos una vez en una conversación
de 10 minutos. Lo hacemos porque queremos agradarles
a otros, porque queremos ser vistos como personas
competentes y ocultar detalles vergonzosos.

321

**Se supone que un modo de detener a un vampiro
es arrojar semillas fuera de tu puerta. Según el mito,
los vampiros sufren de trastorno obsesivo compulsivo
y se sienten obligados a contar todas las semillas,
lo que te da tiempo para escapar.**

322

Tal vez has escuchado que si consumes Coca-Cola
con dulces mentolados se genera una reacción que hará
que tu estómago explote. El mito es añejo, pero ningún
hospital del mundo tiene reportes de que esto
haya ocurrido. Lo cierto es que el estómago es muy
elástico y puede expandirse mucho antes de rasgarse,
así que es más probable que el refresco salga por donde
entró antes de que hagas *pop!*

323

Dicen que los niños no deben tomar café porque dejan de crecer, pero no hay evidencia que respalde este dicho. Lo que sí podría pasar es que no logres dormir por las noches, te dé dolor de estómago y aumenten los latidos de tu corazón. Mejor esperar a ser adulto, ¿no?

324

No deberías ir por ahí besando sapos en busca de príncipes azules. La piel de muchas especies de sapos está recubierta de sustancias venenosas que los protegen de los depredadores y si estas sustancias entran en contacto con tu boca, pueden causar alucinaciones.

325

¿Tus papás no te quieren comprar más juegos porque dicen que ya tienes muchos? Háblales de Antonio Romero Monteiro. Este hombre de Texas, Estados Unidos, tiene una colección de 20139 títulos y más de 100 dispositivos con los cuales jugarlos. Su colección es tan grande que a los récords Guinness les tomó 8 días contarlos todos.

326

Aunque los coches son considerados un invento moderno, el concepto es muy antiguo. Al primero al que se le ocurrió fue al pintor Leonardo da Vinci, que diseñó el concepto de un vehículo automóvil en 1478, casi 300 años antes de que se fabricara el primer prototipo de un vehículo de este tipo.

327

Quizá aún no tengamos robots conviviendo con humanos
como en algunos filmes, pero no estamos lejos de ello.
Se calcula que para el año 2040, los robots lograrán
autonomía de acción y una capacidad de pensamiento
individual tales que se les podrá considerar como
una especie independiente.

328

¿Sabías que los hongos nos ayudaron a crear
los antibióticos? En 1928, Alexander Fleming, un médico
de Londres, Inglaterra, dejó destapada por accidente
una muestra de bacterias y se fue de vacaciones.
Al volver (me lo imagino muy bronceado), la muestra
estaba cubierta de un tipo de hongo llamado moho.
Cuando la observó con el microscopio, descubrió que
el hongo había acabado con las bacterias.

329

¿Es posible dejar de sentir hambre mascando chicle?
La ciencia no se pone de acuerdo. Algunos estudios
sugieren que masticar chicle sin azúcar durante 45
minutos reduce la sensación de hambre y los antojos,
mientras que otros dicen que las personas comen
mayores porciones. Nadie sabe.

330

En Estados Unidos existe un grupo religioso llamado
amish, cuyos miembros jamás se toman fotografías.
De acuerdo con su fe, cualquier representación física
de sí mismos ya sean fotos, pinturas o grabaciones,
promueve el individualismo y la vanidad.

331

Aunque no lo creas, hay galletas de la fortuna
que aciertan la lotería. En 2005, 110 personas ganaron
el segundo lugar de una lotería estadounidense y todos
obtuvieron los números de la suerte de una galleta
de la fortuna de un restaurante chino. Una investigación
determinó que no se trató de un fraude y el premio
se dividió entre los 110 ganadores.

332

La tecnología en ingeniería nos permite construir
edificios cada vez más altos y esto también nos permite
experimentar fenómenos interesantes. Con 828 metros,
el Burj Khalifa, en Dubái, Emiratos Árabes Unidos,
es el edificio más alto del mundo. Es tan alto que se
pueden ver dos atardeceres en un mismo día: uno desde
la base y otro en el punto más alto, donde el atardecer
ocurre 3 minutos después que en la planta baja.

333

Hay un mito que dice que los sapos no pueden vomitar,
lo cual es una verdad a medias. Sí pueden hacerlo, pero
su forma es más compleja que la nuestra. Cuando
un sapo quiere expulsar algo de su estómago, todo el
estómago sale por su boca, como cuando volteas
el bolsillo de tu pantalón para vaciar su contenido.
Otra razón para no andar besando sapos.

334

Nadie sabe con exactitud cuál es el sabor del refresco
Dr. Pepper. No es un típico refresco de cola y sus
fabricantes han guardado el secreto por mucho tiempo.
Hoy sabemos que es una combinación de 23 sabores
y se sospecha que incluye nuez de cola, cereza,
regaliz, amaretto, almendra, vainilla, mora, albaricoque,
caramelo, pimienta, anís, zarzaparrilla, jengibre, melaza,
limón, ciruela, naranja, nuez moscada, cardamomo,
especias, cilantro, abedul y fresno espinoso. Suena
a poción vudú, ¿no?

335

¿Alguna vez te has preguntado por qué las tapas
de los bolígrafos tienen un pequeño agujero en la punta?
Para minimizar el peligro de que alguien muera asfixiado
por tragarla. ¡Es verdad! La compañía BIC desarrolló tapas
tubulares que evitan que alguien se asfixie si una llega
a obstruir la garganta.

336

En Estados Unidos existe un proyecto llamado
Instituto de Búsqueda de Inteligencia Extraterrestre
(SETI, por sus siglas en inglés), donde astrónomos,
astrobiólogos y otros científicos utilizan telescopios
especiales para buscar señales de radio que provengan
del espacio a ver si alguien nos da una señal de vida.

337

Según un mito, los mentirosos se vuelven más y más
mentirosos con el tiempo. Resulta que esto es verdad.
De acuerdo con el artículo "La resbalosa pendiente de
la deshonestidad", publicado en una importante revista
psicológica, nuestros cerebros se adaptan a mentir si lo
hacemos con frecuencia. Así que intenta no hacerlo.

338

En México existe una zona llena de mitos. Se llama Zona
del Silencio y se encuentra en el estado de Durango.
Según el mito, en esta región las brújulas y las
transmisiones de radio se ven afectadas severamente.
La explicación más aceptada es que en esta zona hay
una alta concentración de fragmentos de aerolitos (algo
así como meteoritos), por lo que tiene una magnetización
elevada que interfiere con los instrumentos, pero solo
en ciertas áreas y no lo suficiente como para que
no entren o salgan señales de radio.

339

Es sabido que los pájaros carpinteros picotean árboles
en busca de larvas para comer. Esto no es un mito,
pueden hacerlo 20 veces por segundo. Lo que no es tan
conocido es que, una vez que abren un agujero, sacan
su alimento utilizando su lengua, que es tan larga
que debe enrollarse dentro de sus cráneos. Puede que
no estén locos, pero sí tienen una cabeza muy particular.

340

Según los terraplanistas, hay una conspiración mundial
para ocultar que la Tierra es plana, aunque al parecer
ninguno de ellos sabe con certeza por qué sería necesario
mantener esto en secreto. De cualquier forma
no es cierto, así que no les hagas caso.

341

El mito del árbol en la panza por comer semillas tiene
un problema básico: Las semillas no las digiere nuestro
cuerpo. Como los árboles no pueden caminar, producen
frutos con semillas que los animales comen y dispersan
cuando van al baño. Así tienen otra forma de reproducirse.

342

La guerra más larga de la historia fue la Reconquista,
que enfrentó al Imperio católico español y a los moros
que hoy habitan Marruecos y Argelia. El conflicto
duró 781 años. Casi 8 siglos.

343

El lugar más profundo del planeta es la Fosa de
las Marianas, un valle localizado en el fondo del océano
Pacífico. Desde la superficie del océano hasta su punto
más profundo hay unos sorprendentes 11 034 metros.
Si pudieras tomar el Monte Everest y ponerlo dentro
de la Fosa de las Marianas, la cima todavía se encontraría
a 2 133 metros de profundidad.

344

Las personas siempre temen que su avión se vaya
a pique si un motor falla. ¿Y quién no? Debe ser una
experiencia aterradora. Pero la verdad es que los aviones
son muy resistentes. Y aunque se necesita de todos los
motores para despegar, las aeronaves están diseñadas para
que, una vez en movimiento, pueda valerse de su forma
aerodinámica para planear y volver a tierra a salvo.

345

Se dice que los girasoles siempre miran al sol. Esto
es cierto solo durante la primera mitad de su vida. Una
vez que alcanzan la madurez, sus tallos se endurecen
y nunca vuelven a seguir al sol. Lo curioso es que,
invariablemente, los girasoles quedan fijos mirando
hacia el este.

346

La nuez de cola es originaria de África Occidental,
en lo que actualmente es Sudán. Las personas nativas
de ese país han masticado esta nuez durante cientos de
años porque sirve como estimulante. No, no voy a hacer
bromas sobre si sudan en Sudán.

347

El ronroneo de un gato se encuentra en un rango
de frecuencia de vibraciones muy bajo que mejora
la densidad de los huesos y promueve la salud
de los músculos. Los biólogos creen que se trata de
un mecanismo de autosanación que evita que sus
cuerpos se atrofien. ¡Es casi mágico!

348

¿Los animales pueden estar poseídos por el demonio?
No, pero existen animales que parece que lo están. Los
aye-aye, una especie de lémures nativos de Madagascar,
lo aparentan. La realidad es que son totalmente
inofensivos para los humanos y solo se alimentan
de larvas de escarabajo, no de almas.

349

Según una teoría de conspiración, las líneas blancas
que dejan los aviones en el cielo son químicos malignos,
pero esto es un mito. Estas estelas son simple vapor
que liberan los motores de avión.

350

Un mito dice que los videojuegos están diseñados para causar adicción. La mayoría de los juegos no están diseñados para ser adictivos, sino entretenidos, al igual que muchas películas y libros. Según psicólogos especialistas en adicciones, la adicción a cualquier cosa (alcohol, drogas, apuestas o videojuegos) surge debido a un ambiente poco estimulante y con relaciones humanas pobres, más que al objeto de adicción mismo.

351

La receta completa de la Coca-Cola es un secreto bien guardado, pero se dice que hace poco dejaron de usar extracto de nuez de cola y en su lugar utilizan imitaciones artificiales para igualar el sabor. Lo más probable es que descubramos vida en Saturno antes de saber de qué está hecha realmente.

352

Megara, de quien Hércules se enamora en la película de Disney, sí existe en el mito griego original, pero su historia es muy aburrida. Era la hija mayor del rey Creón de Tebas; este ofreció a Hércules casarse con ella luego de que le ayudara a derrotar a sus rivales. Disney la volvió la damisela en peligro y le dio una historia mucho más entretenida.

Los aye-aye, unos lémures de Madagascar, tienen
un dedo más largo y delgado que el resto. Una leyenda
dice que si uno te señala con ese dedo, enfermarás
o morirás y la única forma de detener el presagio es
matar al animal en cuestión. Lo que sucede en realidad
es que estos mamíferos utilizan sus dedos como ramitas
para sacar su alimento de los recovecos más angostos
en los árboles. Vaya injusticia.

¿Conoces el refresco de naranja llamado Fanta? La historia
de su origen es curiosa. Durante la Segunda Guerra
Mundial, Estados Unidos dejó de suministrar Coca-Cola
a Alemania, donde era muy popular. Para no quedarse
sin trabajo, un refresquero alemán llamado Max Keith
inventó la Fanta como reemplazo con los ingredientes
que tenía a la mano. El refresco naranja dejó de venderse
luego de la guerra por su asociación con la Alemania nazi,
pero volvió en 1955, cuando Coca-Cola necesitó otra bebida
para seguir compitiendo contra Pepsi, la compañía rival.

La suerte, buena o mala, siempre ha sido motivo de mitos.
Existen supersticiones como que si pasas por debajo de
una escalera, rompes un espejo o si un gato negro se cruza
por tu camino, tendrás mala suerte. Pero no hay ninguna
evidencia de que esto sea real y no deberías preocuparte.

356

Un mito dice que cuando le bajas al baño en un avión, los desechos se liberan al exterior a mitad de un vuelo. Esto es mentira. Lo que se sucede es que aviones poseen contenedores especiales y solo se vacían una vez que aterriza. Esto no solo por la higiene de la gente en tierra, sino porque cualquier desecho sólido podría adherirse y causar problemas de vuelo.

357

La comida rápida no es muy saludable y, por ello, existen muchos mitos sobre ella. Uno de ellos dice que el huevo que usan en los desayunos de McDonald's no es de verdad, sino un sustituto en polvo o que los helados eran de origen animal. Todos estos mitos fueron desmontados durante una campaña en 2016 que el restaurante impulsó para limpiar su nombre. Aun así, siempre es mejor no abusar de la comida rápida.

358

Si bien los coches ya tenían varios años de existencia, el primero que logró las mejoras suficientes para popularizarlo fue Henry Ford, quien además introdujo la idea de la línea de ensamble industrial en su fábrica en 1908. Todo esto hizo que el coche llamado Modelo T fuera el primer coche accesible para las familias promedio, con lo que dejaron de ser solo juguetes curiosos para los ricos.

359

Para finales del siglo XX, se habían hecho
más de 300 películas sobre vampiros y más de 100
de ellas tenían como protagonista a Drácula. También
se habían publicado 1 000 novelas sobre estos seres
misteriosos. El número sigue aumentando. Nuestra
fascinación por los vampiros no tiene límites.

360

Aunque normalmente somos conscientes de nuestras
mentiras, existe una condición llamada pseudología
fantástica, en la que una persona cuenta historias
elocuentes e interesantes y se convence a sí mismo de
todo lo que dice. Eso es ser un mentiroso comprometido.

361

A principios del siglo XX, los circos estadounidenses
tenían algo llamado Show de Fenómenos, donde aparecían
personas con deformidades, enfermedades o modificaciones
voluntarias que atraían el morbo y la curiosidad
del público. Esto no es mito, pero que fueran tratados
como animales y tuvieran una mala vida, sí. Los
"fenómenos de circo" eran celebridades dentro
del ámbito circense, tenían una vida bastante
buena en comparación a otros artistas de la época
y formaban fuertes lazos de compañerismo.

362

Aunque no lo creas, el Sol es la estrella más cercana a la Tierra, solo que cuando le pusimos nombre no sabíamos que era una estrella. Por desgracia, todas las demás se ven pequeñitas porque están a millones de kilómetros de distancia.

363

Cuando la cadena de restaurantes Kentucky Fried Chicken cambió su nombre a KFC, se corrió el rumor de que el gobierno de Estados Unidos los había obligado porque su comida no era de pollo y, por lo tanto, su nombre era una mentira. Pero esto es falso. La razón fue una simple renovación de imagen para mantener su popularidad.

364

¿Se puede dejar de ser hombre lobo? Según un mito, el acónito, una planta también conocida como "matalobos" es una cura efectiva contra la licantropía. La planta es mortalmente venenosa, a menos que se le prepare bajo las instrucciones del mito. Pero recuerda: es solo un mito.

365

¿De dónde viene el chocolate? Este maravilloso dulce se produce a partir del cacao, un árbol cuyo origen se encuentra en el sur de México y, prácticamente, en todas las zonas donde se desarrolló la cultura maya.

366

Los famosos y coloridos hongos de *Mario Bros.*
no provienen de un mundo de fantasía. Están basados
en los hongos *Amanita* muscaria que, una vez ingeridos,
alteran las percepciones del mundo de quienes los ingieren.
Por ejemplo, la gente se siente más grande. Este es uno
de los efectos que tiene el protagonista del videojuego.

367

Quizá las posesiones demoníacas no existan,
pero los actores pasan por un fenómeno muy parecido.
Un estudio de la Universidad McMaster, de Canadá,
analizó la actividad cerebral de diversos actores mientras
les hacían preguntas que debían responder primero como
ellos mismos y luego representando a un personaje.
Su actividad cerebral era diferente en ambos casos,
casi como si el personaje poseyera al actor.

368

¿Sabías que puedes hacer que un plátano se vuelva azul?
Aunque la cáscara de un plátano es amarilla, cuando se
le coloca bajo un foco de luz ultravioleta brilla de un color
azul neón. Esto se debe a que, conforme el plátano se
madura, su clorofila se degrada y esta reacción produce
un brillo azul que solo es visible bajo luz ultravioleta.

Quizá pienses que solo los humanos pueden ser fantasmas, pero no. Según la leyenda, en 1626, mientras andaba por la plaza de Pond Square, en Londres, Sir Francis Bacon decidió rellenar de nieve un pollo muerto para probar las cualidades de preservación de la nieve. Desde entonces, muchos aseguran escuchar un cacareo espectral y algunos hasta dicen haber visto un pollo a medio desplumar corriendo en círculos en el lugar.

Desde hace años ronda un mito de que Santa Claus, también conocido como Papá Noel, fue inventado por Coca-Cola, pero es falso. Santa existe desde hace muchos siglos y siempre ha vestido de rojo, pero en 1931, Coca-Cola hizo una campaña publicitaria que lo incluía, de ahí el mito.

¿Es cierto que las botellas de agua producen cáncer? El rumor ha rondado por más de una década. Según el mito, las botellas plásticas contienen un químico llamado DEHA pero la Agencia Internacional de Investigación sobre el Cáncer no lo clasifica como cancerígeno. Lo que es verdad es que todos los plásticos representan un problema ambiental y habría que usarlos cada vez menos.

372

En YouTube circulan videos de una masa rosa muy rara
con la que supuestamente se fabrican los nuggets de pollo.
Lo cierto es que se hacen con pechuga, lomo y carne de
costilla de pollo. También contienen restos de huesos,
nervios y tejido conectivo para agregarles sabor y textura,
pero estos ingredientes son naturales y comestibles.

373

¿Crees que los comerciales publicitarios son cortos?
Old Spice, una marca de desodorante, creó uno para
un producto que supuestamente "dura para siempre".
El comercial también dura una eternidad. En 2018,
la televisión de Brasil transmitió una versión de
este producto publicitario que duró ¡14 horas seguidas!
Así ganó el récord Guinness del comercial de tele
más largo de la historia.

374

¿Es cierto que los chiles tienen el poder de hacerte
sentir feliz? Según la ciencia, sí. Cuando consumes
chiles, el cerebro libera unas sustancias llamadas
dopamina, endorfina y serotonina, que también
son conocidas como hormonas de la felicidad.
Entonces estar enchilado es estar feliz.

375

Tal vez has oído del monstruo del lago Ness, una popular criatura de la mitología escocesa. Lo cierto es que no podría existir por razones biológicas: supuestamente se le ha avistado desde 1870 a la fecha. Un solo individuo no puede vivir tantos años, tendría que tratarse de toda una familia, pero el Lago Ness no tiene los recursos para alimentarlos a todos, ni el espacio para alojarlos cómodamente, entonces solo es un mito.

376

Es muy molesto para los pasajeros cuando su vuelo se retrasa, pero es peor para un sobrecargo. A ellos se les paga por hora de vuelo y si el avión no está volando porque se retrasó, no les pagan. Así que sé amable con ellos si algún día se retrasa tu vuelo, no es su culpa ni la suya.

377

No es un mito que las botellas de plástico sean casi indestructibles. Una de ellas tarda alrededor de 150 años en descomponerse totalmente. Sin embargo, si permanecen enterradas pueden tardar hasta 1 000 años. Durante su descomposición, se liberan pequeñas porciones llamadas microplásticos, que entran a la cadena alimenticia y causan mucho daño a los animales y humanos.

378

Los antiguos romanos creían que el amoníaco
era un buen desinfectante y blanqueador de dientes,
así que usaban la fuente de amoníaco más abundante
que tenían a la mano: la orina. Yo prefiero el enjuague
bucal con alcohol y sabor a menta.

379

¿Es cierto que comer dulces en exceso causa
hiperactividad? Aunque la preocupación de los papás
es correcta, la ciencia tiene otra teoría: Navidad,
Halloween, los cumpleaños o el recreo hacen que aumente
la alegría y cuando estamos felices tendemos a ser
hiperactivos. Los dulces solo son una coincidencia.
Pero el azúcar en exceso sí causa otros problemas
de salud. Entonces, no comas demasiados.

380

Muchos creen que los hongos solo sirven para que
la gente se los coma o se envenene. Pero la realidad
es que son fundamentales en los ecosistemas pues
se encargan de descomponer la materia orgánica
de bosques y selvas. Sin ellos, las hojas, árboles
muertos y otra materia se acumularían y las plantas
no podrían aprovechar sus nutrientes.

381

¿Los chocolates curan la tristeza? Un estudio
del Instituto Tecnológico de Massachusetts descubrió
que, además de ser delicioso, el chocolate reduce
la ansiedad, la sensación de fatiga y la irritabilidad.
Esto se debe a que comerlo libera sustancias en el cerebro
como la serotonina, un químico que nos hace felices.

382

El nombre científico del árbol de cacao es *Theobroma cacao.*
Theobroma es una palabra griega que significa "alimento
de los dioses". Así que cuando comes cacao, puedes
sentirte un poco más afortunado.

383

**Los primeros en consumir el chocolate fueron los
indígenas olmecas, mayas y aztecas, quienes primero
lo obtenían de árboles de cacao salvajes. Les gustó tanto
que comenzaron a cultivarlo hace más de 2 500 años.**

384

El girasol es una flor, ¿cierto? Falso. Cada cabeza
de girasol está compuesta de cientos de pequeñas flores,
que una vez que maduran se convierten en semillas.
A este tipo de conjuntos se les llama inflorescencia.
Hemos vivido engañados.

385

Existe el mito de que las estatuas y fachadas de la antigua
Grecia eran blancas como el mármol del que estaban
hechas. En realidad, a los griegos les gustaban mucho
las cosas coloridas, con tonos rojos, azules, dorados y
amarillos, pero casi todas estas piezas se despintaron
antes de nuestros días, dando pie al mito.

386

Actualmente existe un estereotipo muy racista
de que los árabes son fanáticos religiosos violentos,
esto no es más que un mito. Desde hace milenios,
los árabes han aportado grandes avances científicos
al mundo, tanto así que un árabe musulmán llamado
Ibn-Al Haytham, quien vivió del 965 al 1040 después de
Cristo, es considerado el padre del método científico.
Así que no refuerces los estereotipos.

387

Según un mito, los vampiros no se ven en los espejos
o en otras superficies reflejantes debido a que no tienen
alma. Lo cual no tiene sentido porque los muebles
sí se reflejan perfectamente bien en un espejo.
Una de dos: o los muebles tienen alma o las cosas
se reflejan, aunque no la tengan.

388

¿Sabías que comer chocolate con moderación ayuda
a cuidar tu peso? Una barra regular de chocolate
no contiene muchas calorías, por lo que puede ser parte
de una dieta balanceada. Además, contiene minerales
y fibra, lo cual es bueno para tu salud. Por si fuera poco,
nos deja felices y satisfechos.

389

¿Qué usarías para evitar que tu comida se congele
en el polo norte? Seguro pensarás en una estufa,
pero no. Las personas que habitan dentro del círculo
polar ártico la protegen dentro del refrigerador,
porque el refrigerador es menos frío que el ambiente.

390

Los estándares de belleza cambian todo el tiempo.
En el siglo XV y XVI, el estándar de belleza era la piel
pálida y el cuerpo voluminoso, porque significaba
que eras tan rico que no necesitabas trabajar bajo
el sol en el campo y podías pagar banquetes excesivos.

391

Aunque creas que es un mito, internet tiene
un santo patrono. En 1997, el Papa Juan Pablo II designó
a San Isidoro de Sevilla como el guía oficial, no solo de
Internet, sino de todos los reparadores de computadoras.

392

¿Qué color es de niño y qué color es de niña?
La respuesta es que ninguno. Que el rosa sea para niñas
y el azul para niños es, más que un mito, una convención
social. De hecho, hasta 1940, hace unos 80 años, el rosa
era considerado un color masculino, mientras que
el azul se reservaba para las mujeres. Así que ya
lo sabes, usa el color que quieras.

393

Seguro tus papás te han dicho que solo te faltan
las alas para ser un angelito, pero te tengo malas noticias:
los ángeles, en los textos bíblicos, tienen muchas formas
diferentes, a veces se disfrazan de humanos y a veces
tienen formas bastante raras, con montones
de ojos, cabezas de animales y hasta ruedas.
No eran tan bellos en realidad.

394

Solemos pensar que los reyes gobiernan por años
y años, pero a veces no pasa así. El récord del rey que
estuvo en el trono menos tiempo lo tiene Louis-Antoine
de Francia, quien se volvió rey en 1830 cuando su padre
Charles X renunció. Antoine tuvo el poder durante
20 minutos y luego se retiró. Eso sí es rápido.

395

La publicidad no nos controla con mensajes subliminales. La idea comenzó por un estadounidense llamado James Vicary, quien en 1957 aseguró que, en cierto cine, su agencia publicitaria había puesto cortes de menos de un segundo entre las escenas de películas que decían "bebe Coca-Cola" y "come palomitas". Según, estos mensajes habían aumentado las ventas de dichos productos hasta en un 57 %. Pero casi de inmediato, el gerente del cine aseguró que el experimento sí ocurrió, pero las ventas no subieron. Finalmente, en 1962, Vicary confesó que había mentido.

396

Tal vez conoces la saga de películas de *Anabel* (2014), *El conjuro* (2013) y *La monja* (2018). Sus protagonistas, Ed y Lorraine Warren, sí existieron y fueron dos investigadores estadounidenses de fenómenos paranormales. Ed Warren incluso era un demonólogo reconocido por la iglesia católica y tenía permiso del Vaticano para realizar exorcismos.

397

Actualmente las mujeres usan tacones altos, mientras que los hombres usan zapatos bajos. Pero los tacones altos en realidad eran para hombres y se inventaron en el siglo XVI para su uso en la alta sociedad, pues un hombre alto resultaba más elegante y varonil.

398

La palabra cacao deriva del náhuatl *cacahoatl*
o *cacahuatl,* que significa "jugo amargo". La palabra
chocolate deriva del maya *chocol,* que significa
"agua caliente". Tampoco son tan parecidos.

399

¿Es posible conseguir la inmortalidad? Tal vez,
pero el costo es enorme. Hay un tipo de células
que pueden alcanzar la inmortalidad y continúan
reproduciéndose infinitamente... las células cancerígenas.
Los científicos que estudian nuestros genes investigan
si hay un modo de balancear este fenómeno para que
las células se sigan renovando por mucho
más tiempo sin salirse de control y hacernos daño.

400

**¿Es cierto que, en las culturas indígenas mexicanas,
beber chocolate en agua se reservaba para los guerreros
o personas de la alta sociedad? ¡Sí! Y en ocasiones
también se destinaba a celebraciones y rituales.**

401

Tal vez creas que mentir te sacará de muchos apuros
y así serás más feliz, pero eso podría ser un mito.
De acuerdo con un estudio de la Universidad de Notre
Dame, en Estados Unidos, decir menos mentiras por
semana mejora tanto la salud mental como física.

402

Existen flores de prácticamente todos los colores,
con excepción del negro. Y nadie ha podido desarrollar
una. Las flores que parecen negras, como la *Alcea rosea*,
en realidad son una mezcla de tonos rojizos y púrpura
muy concentrados.

403

Antes de ser chocolate, las semillas de cacao también
tenían un verdadero valor monetario. ¡De verdad!
Eran tan valiosas para los mesoamericanos que las
utilizaban como monedas. Se dice que Moctezuma llegó a
acumular una fortuna de 100 000 000 de semillas de cacao.

404

**Se cree que las leonas son las verdaderas cazadoras,
mientras que los machos solo esperan plácidamente su
comida. Pero los machos sin manada también lo hacen.**

405

¿La fruta se llama naranja por el color o el color
por la fruta? El uso más antiguo de la palabra *naranja*
para referirse a la fruta data del siglo XIII y proviene
del sánscrito, un idioma nativo de India. Mientras que
la referencia más antigua para el color data del siglo XVI,
casi 300 años después. Por lo tanto, el color adquirió
su nombre por la fruta.

406

La barra de chocolate moderna fue inventada en 1875
por un hombre llamado Daniel Peter, quien mezcló el
cacao con leche y azúcar para crear esta popular golosina.

407

Aunque en su tiempo no fueron un gran éxito,
las copias del videojuego *E.T., el Extraterrestre*
desenterradas en 2014 en Nuevo México, Estados Unidos,
terminaron por venderse en Ebay por un total de 108 000
dólares. Nada mal para el peor juego de la historia.

408

¿Es cierto que los dulces son los únicos culpables
de las caries? En realidad, estas se forman cuando
las bacterias en tu boca consumen los azúcares
y almidones de cualquier tipo de comida y generan
ácidos. Desde refrescos y dulces hasta jugos de fruta,
pan o arroz. Por eso siempre debes cepillarlos,
sin importar lo que comas.

409

La hipnosis no es un mito, pero tampoco es como crees.
Se trata de un estado de sugestión totalmente voluntario
y algunas personas son más propensas que otras. En los
shows de hipnosis, se hace una sutil encuesta previa al
espectáculo para determinar qué personas son más fáciles
de hipnotizar; solo parece que las escogen al azar.

410

La idea de que estornudar con los ojos abiertos hace que estos se salgan es un mito. La verdad es que los párpados se cierran como parte del estornudo, además la presión no sería suficiente para afectar los globos oculares.

411

¿Quién inventó los números arábigos? Si respondiste que los árabes, te equivocas. Los símbolos que usamos para los números, del 0 al 9, son conocidos como arábigos porque los europeos los conocieron gracias a los comerciantes árabes de África del Norte durante la Edad Media, pero sus verdaderos inventores son los hindúes.

412

Aunque no lo creas, sí hay una palabra que exista en todos los idiomas. Bueno, no es una palabra por sí misma y por lo tanto no existe en ningún idioma, es el sonido ¿eh?, que se usa para expresar confusión. Es universal y lo entienden personas de todo el mundo.

413

No, no te van a salir granos por comer chocolate. Es un mito. Varios estudios al respecto en los últimos 20 años han eliminado al chocolate como causa de acné. Sigue comiéndolo sin culpa.

414

¿Sabías que el helado es uno de los postres más saludables?
Tan solo media porción de helado contiene 10 % de
los requerimientos diarios de calcio y fósforo. No solo
es delicioso, ¡también es nutritivo!

415

Un año-luz no es una medida de tiempo, sino de distancia.
La NASA lo define como la distancia total que recorre
un rayo de luz en línea recta durante un año. Como la
luz viaja a unos 300 000 kilómetros por segundo y en
un año hay... ehm... muchos segundos, un año-luz
equivale exactamente a 9 460 730 472 580.8 kilómetros.

416

Los juguetes también permiten la construcción
de edificios muy altos. En Tel Aviv se hizo la torre
de LEGO más alta del mundo. Tenía 36 metros de altura
y se necesitaron 500 000 piezas de Lego para completarla.
También mucho tiempo libre.

417

Debido a su forma, muchos piensan que los corales son
plantas, pero no. Se trata de animales que forman colonias
enormes de cientos o hasta miles de individuos que reciben
el nombre de zooides. ¡Es como si tu casa estuviera viva!

418

Pensar que los juegos de azar eran para los vagos es un mito. En el Viejo Oeste eran prácticamente un deporte serio y no cualquiera podía jugar. Las cantinas ofrecían competencias para jugadores profesionales con reglas estrictas y observadores para evitar trampas.

419

Aunque algunos helados se hacen con grasas de origen animal, la gran mayoría se produce con aceites y grasas vegetales y eso los convierte en una opción más sana que otros postres. Me pregunto si eso hace que califique como verdura... no, ¿verdad?

420

Antes de que Billy Mitchel, un famoso *gamer*, lograra el juego perfecto de *Pac-Man* en 1999, existían miles de mitos sobre lo que sucedía al final. ¿Y qué pasó? Pues la memoria del juego se saturó, colapsó y se reinició. Me gusta pensar que es una metáfora sobre la vida.

421

La excepción a la regla de que toda la comida de avión sabe mal es el jugo de tomate. El umami, uno de los 5 sabores que los seres humanos percibimos y que está en el tomate, no es afectado por la altitud. Quizá por eso el jugo de tomate es la segunda bebida más popular a bordo de los aviones, después del agua natural.

422

Quizá una de las más interesantes sea la fotografía de la dama marrón, tomada en 1936 en Raynham Hall, una mansión de Inglaterra, que muestra a una figura fantasmal descendiendo por unas escaleras. Aunque hay varias explicaciones posibles y no paranormales para la fotografía, no se ha podido desmentir del todo. Lo curioso es que, desde entonces, la dama marrón no ha vuelto a aparecer.

423

La publicidad subliminal sí funciona, aunque no es tan potente como cuentan los mitos. En 2006, la Universidad de Utrecht, en Holanda, realizó un experimento en el que, mientras los voluntarios veían cualquier cosa en la tele, de vez en cuando aparecían imágenes por menos de un segundo de ciertos productos. El resultado fue que los voluntarios consumieron un poco más los productos que aparecían en las imágenes, pero solo aquellos que ya conocían y disfrutaban.

424

El gobernante que más tiempo ha estado en el poder que no es un rey o reina, aunque gobernó como uno, fue el líder socialista Fidel Castro, quien gobernó durante 49 años: desde el triunfo de la revolución socialista cubana en 1959, hasta que cedió el poder a su hermano Raúl Castro en 2008, a la edad de 82 años.

425

El helado no es tan reciente como piensas. En 1660,
un italiano llamado Procopio inventó una máquina
que mezclaba frutas, azúcar y hielo. Este italiano abrió
una cafetería llamada Café Procope y servía su mezcla
acompañada de café. De esa forma se popularizó
el helado en todo el mundo.

426

No hemos comprobado si las posesiones demoníacas
existen, pero lo que sí es verdad es que el Vaticano, la
máxima autoridad de la iglesia católica, tiene una guía
oficial de lineamientos para exorcismos desde 1614. De
acuerdo con esta guía, los signos de posesión demoníaca
incluyen fuerza sobrehumana, aversión al agua bendita y
la habilidad de hablar idiomas que el poseído desconocía
antes de estar poseído. Es bueno saberlo, solo por si acaso.

427

A todos nos han dicho que cuando estamos resfriados
no podemos comer helado. Pero llegó la hora de la verdad:
sí se puede. La tos seca irrita e inflama la garganta,
lo que causa molestias que pueden aliviarse comiendo
un poco de helado. También se recomienda después
de una cirugía para remover las amígdalas por la misma
razón. Es un fresco y delicioso alivio.

428

Durante una escena particularmente tierna en el filme animado *Wall-E* (2008), los robots protagonistas se pasean por el espacio, Wall-E con ayuda de un extintor y EVA con autopropulsión, mientras ríen y hablan. El único problema con esa escena es el sonido. Este se produce cuando algo hace vibrar el aire. Como en el espacio no hay aire, esta bonita escena hubiera sido totalmente muda.

429

La palabra *exorcismo* deriva del griego *exousia*, que significa "juramento". El académico James R. Lewis, experto en religiones, folclor y cultura popular, explica que un exorcismo no es tanto una expulsión, como solemos creer, sino que sería más o menos poner al espíritu que posee a alguien bajo juramento ante un poder mayor, como Dios.

430

Muchas personas piensan que el frío nos enferma. Sin embargo, todos los resfriados, las gripes y la influenza son causados por virus, pero como en esta época pasamos más tiempo en lugares cerrados y solemos estar más juntos para darnos calor, se facilita la transmisión de virus. En realidad el frío en sí mismo es inofensivo.

Las calabazas con vela que se utilizan en Halloween surgen
del mito de Jack O'Lantern y llevan su nombre. Con el
tiempo, adquirieron una función más allá de ser adornos.
Se dice que una Jack O'Lantern puede proteger tu casa
de los malos espíritus que acechan durante Halloween.

Las guerras, por ser un último recurso que enfrenta a dos
o más grupos que no logran acuerdos, suelen prolongarse
bastante, pero hay excepciones. La más corta de la historia
duró menos de una hora y fue la de Inglaterra-Zanzíbar
en 1896. Cuando el sultán de Zanzíbar murió, Khalid ibn
Barghash, primo del recién fallecido, se hizo con el poder
sin la aprobación de los colonizadores británicos. Estos
bombardearon el Palacio Real durante 38 minutos,
hasta que Khalid huyó, lo que dio fin a la guerra.

¿Es cierto que la gelatina está hecha de animales?
Algo de verdad tiene. La gelatina se hace con grenetina,
una sustancia que se obtiene al pulverizar huesos,
cuero y tendones de cerdos y vacas para obtener
colágeno. El colágeno es lo que le da elasticidad
a la piel y es el ingrediente principal de la grenetina.
Ya sabemos de dónde viene la temblorosa textura
de ese postre que tanto te gusta.

 **434**

Tampoco es mito que el helado te ayude
a sentirte mejor cuando estás triste. En un estudio
del Instituto de Psiquiatría de Londres, se descubrió
que la parte del cerebro que se activa cuando uno se siente
feliz se encendía como árbol de Navidad mientras
la persona disfrutaba de un delicioso helado.

 **435**

Jesús no nació en Navidad. En el Imperio romano,
del 17 al 25 diciembre se celebraban el solsticio de invierno
y las Saturnales, una festividad dedicada al dios Saturno;
en estas fechas, las familias se reunían e intercambiaban
obsequios. Cuando llegó el cristianismo a Roma,
se cambió su significado y se comenzó a adorar
el nacimiento de Jesús.

 **436**

Otro de los mayores temores que suelen
experimentar los pasajeros es que al avión se le caigan
las alas en pleno vuelo. Sin embargo, los ingenieros
realizan pruebas de estrés en todos los aviones
antes de su primer despegue para asegurar su resistencia
estructural. Si las alas fueran a desprenderse,
ocurriría durante estas pruebas. Además, las alas
de aviones como el Boeing 787 están diseñadas para
doblarse hasta 7 metros sin dañarse.

437

¿De dónde viene la idea de que la radioactividad brilla
de un color verde intenso? Durante el siglo pasado,
un elemento radioactivo llamado radio fue usado para
que algunos productos, como relojes y juguetes, brillaran
en la oscuridad. Pero no era el radio en sí lo que brillaba,
sino otro elemento llamado fósforo, el cual producía
el famoso brillo verde. Después se descubrió que la
radioactividad es muy peligrosa y el radio se dejó
de usar. No fue una idea muy brillante.

438

Aunque decir la verdad sea mejor y más sano, muchos
estudios muestran que los niños que comienzan a decir
mentiras a muy temprana edad son más inteligentes y
tienen mayores habilidades verbales. Así que podrás ser
mentiroso y vivir estresado, pero al menos eres inteligente.

439

Muchos temen a la influencia de los mensajes
subliminales. En 1990, la banda Judas Priest fue llevada
a la Corte porque se aseguraba que una de sus canciones
tenía un mensaje subliminal que había llevado a un par
chicos que la escuchaban al suicidio. La Corte desechó
el caso y el juez determinó que, incluso si había
mensajes subliminales, la banda no era responsable
por el trágico suceso..

440

Se ha demostrado que jugar *Tetris* puede reducir
las ansias de comprar o consumir. La razón aún
no está clara, pero algunos científicos piensan que
cuando se juega algo tan visualmente interesante,
no se pueden hacer ambas cosas a la vez.

441

Si alguien sufre un infarto en una serie o película y
su corazón deja de latir, es inevitable que los doctores
lleguen corriendo con un desfibrilador para revivirlo.
Esto es un mito. Una vez que el corazón deja de latir,
el desfibrilador no es suficiente. En estos casos,
los verdaderos doctores aplican presión sobre el pecho
de forma rítmica para tratar de reanimar el corazón.

442

Los divertidos disfraces de Halloween no se inventaron
en Estados Unidos. Tienen su origen en un mito
irlandés según el cual, durante Halloween,
la barrera entre el mundo de los vivos y el de
los muertos se debilita y pueden escapar espectros
malvados. Para evitar que les hicieran daño,
los irlandeses se ponían disfraces aterradores.

443

Los corales son las estructuras de origen biológico más impresionantes que existen. La gran barrera de coral, en Australia, tiene 2300 kilómetros de largo y es tan grande que se le puede ver desde el espacio. Definitivamente, no tienen nada que envidiarle a la Gran Muralla china, ¿no crees?

444

Aunque *hipnosis* deriva de la palabra griega *hypnos*, que significa "sueño", permaneces completamente despierto durante la hipnosis. Contrario a la creencia popular y a lo que se ve en los shows, la hipnosis es un estado natural de la mente. Eres capaz de escuchar, comprender y recordar lo que pasa mientras estás hipnotizado.

445

¿Sabías que las tripulaciones de las misiones Apolo 11, 12 y 14 fueron puestas en cuarentena 3 semanas luego de sus viajes a la Luna? La NASA no tenía mucha información en aquel entonces y temía que alguna enfermedad desconocida pudiera llegar a nuestro planeta. Como no se encontraron gérmenes lunares, la cuarentena ya no se consideró necesaria para las siguientes misiones.

La historia de la gelatina es muy antigua
y lo más interesante es que no siempre se usó
para comer. En las ruinas de la tumba de un faraón
con más de 3500 años de antigüedad se encontraron
restos de gelatina que se empleó como pegamento.

La idea de que después de cierta edad dejamos
de crecer es falsa. Partes de nosotros, como la nariz
y las orejas, continúan creciendo durante toda la vida,
así que si habías notado que estas partes eran un poco
más grandes últimamente, es real.

Según un mito, tronarte los nudillos te producirá
artritis. Sin embargo, un estudio publicado en 1975
por la Universidad del Sur de California, en Estados
Unidos, no encontró relación entre una y otra.
Así que puedes hacerlo sin remordimiento.

**¿Sabías que puedes mejorar tu memoria con olores?
Un olor muy fuerte o agradable puede hacerte recordar
toda la situación en que percibiste ese aroma.**

450

¿Fantaseas constantemente con que Timothée Chalamet,
Billie Eilish o algún famoso están enamorados de ti?
Pues podrías tener un trastorno psicológico. ¡En serio!
Existe un desorden llamado erotomanía, que ocurre cuando
tienes la certeza que algún famoso está enamorado de ti.
Pero no te preocupes, mientras solo sean fantasías
y no lo creas de verdad, no tiene nada de malo.

451

Según el mito popular, los vikingos eran lunáticos
salvajes, mugrosos y sin modales. En realidad,
los vikingos anglo-daneses que ocuparon partes de las islas
británicas eran descritos como excesivamente limpios,
ya que se bañaban al menos una vez a la semana. Ya te
imaginarás cada cuándo se bañaban los anglosajones para
que un baño a la semana les pareciera demasiado.

452

Seguro has visto nubes con forma de gato o has notado
que los enchufes de la pared tienen caritas. A este
fenómeno de ver patrones familiares en cosas aleatorias
se le llama pareidolia. Ocurre porque nuestro cerebro está
programado para encontrar patrones familiares. Por eso
esa pelusa del piso parece araña. ¡Ah, sí es una araña!

453

La palabra *vikingo* en realidad solo se utilizaba
para describir a aquellos nórdicos que realizaban
invasiones y saqueos. Quienes permanecían en sus villas
durante toda su vida cosechando, comerciando
o forjando armas no eran llamados vikingos.

454

Aunque aún no sabemos para qué sirven los bostezos,
se ha demostrado que el que tú bosteces luego de que ves
a alguien bostezar es señal de empatía. Por ello, los bebés
pequeños y los autistas no replican los bostezos, pues
no tienen desarrollado el sentido de empatía.

455

Aunque suene a mito, las lágrimas te pueden
dar pistas acerca de la razón por la que una persona
llora. Si la primera lágrima sale del ojo derecho,
la persona está llorando de alegría. Si sale por el ojo
izquierdo, está llorando por algo doloroso.

456

Aunque casi todos saben que el cuerpo humano
tiene 206 huesos, muy pocos saben que el 25% de
todos ellos está en los pies, donde hay 26 huesos y 33
articulaciones por cada uno, para un total de 52 huesos.
Así que ya sabes qué parte de ti es puro hueso.

457

El cuerpo humano está conformado por 30 trillones
de células y se estima que la cantidad de bacterias dentro
del cuerpo humano es 10 veces mayor que eso. Lo cual
no solo quiere decir que en realidad nunca estás solo,
también significa que eres más bacterias que humano.

458

Muchos piensan que el meñique es un dedo débil
e inútil, pero en realidad es todo lo contrario.
Si te cortaran el dedo meñique, perderías el 50 % de
la fuerza en tu mano y te sería más difícil sujetar cosas.
Nunca juzgues las cosas por su apariencia.

459

¿Debes comer 3 veces al día? En realidad es más
un acuerdo social que una regla. Comer a la misma hora
acostumbra a tu organismo a tener horarios estables.
Lo más sano es comer de forma balanceada, cuando
sientas hambre y no excederte.

460

En realidad todos brillamos. La luz es una forma en que
se manifiesta la energía y el cuerpo humano produce
energía; un porcentaje muy pequeño de ella se transforma
en luz. Lamentablemente, esta cantidad es muy diminuta,
por lo que no se le puede percibir a simple vista, pero sí
podemos decir con toda certeza que somos seres de luz.

461

Muchas personas sienten que tienen montones
de ideas creativas justo antes de irse a la cama. Esto
no es un mito. Solemos ser más creativos cuando
estamos cansados porque el cerebro se enfoca menos
en las tareas inmediatas, se distrae más y es menos
eficiente para recordar las conexiones entre conceptos,
justo lo que requiere la creatividad.

462

Según un mito, hay dos tipos de personas: los racionales
que usan el lado izquierdo del cerebro y los artistas
que usan el derecho. Esto es falso. Muchos, procesamos
el lenguaje en mayor medida con el lado izquierdo,
mientras que las habilidades espaciales y las emociones
ocurren más en el derecho, pero esto no siempre es así.
No hay evidencia de que el lado derecho sea la fuente
de la creatividad.

463

En realidad, los rifles de francotirador son armas de mucha
precisión. Armar y desarmar uno hace que se pierda esta
característica y se tenga que reajustar para ser efectivo,
por eso es muy poco probable que haya asesinos rondando
por ahí con rifles desarmados. Serían muy poco precisos.

464

Si has puesto atención en la escuela, sabrás que todo, incluido tu cuerpo, está formado por átomos. Es difícil imaginar lo pequeños que son, hasta que te enteras de cuántos átomos conforman tu cuerpo. Un adulto está hecho de 7 000 000 000 000000 000 000 000 000 átomos, o sea 7 octillones de átomos, ¿muchísimo, no?

465

Según las películas, las personas son arrojadas por el aire cuando les disparan, pero esto es solo para hacerlo más dramático. Una bala atraviesa un cuerpo, no lo empuja. Además, para toda acción, hay una reacción de igual fuerza en dirección opuesta. O sea que si una pistola arrojara a la víctima por los aires, el tirador también saldría volando para el otro lado.

466

A menos que un avión acabe de recibir mantenimiento general, es absolutamente seguro que habrá algo descompuesto en él. Los protocolos de seguridad permiten que un avión viaje aunque tenga ciertas partes rotas. Ahora sabes por qué no te dicen estas cosas.

Las mujeres piratas son más antiguas de lo que la gente
piensa. En el siglo XIV, 300 años antes de la era dorada
de la piratería, una mujer francesa llamada Jeanne
de Clisson se volvió pirata para vengar la muerte de su
esposo. Vendió todas sus tierras para comprar 3 barcos,
con los que atacaba barcos franceses. ¡Eso es amor!

Cuando era niño, mi mamá me decía:
"No te estires después de comer porque te va
a reventar una tripa", pero resulta que es un mito.
El estómago es muy elástico y no es fácil desgarrarlo,
en realidad lo que se extiende son tus músculos.
Así que no temas, tus tripas están a salvo.

**Para cuando cumplas 30 años, tu corazón habrá latido
más de mil millones de veces. Que no digan que tu corazón
no late por nadie, porque late por ti y mucho.**

Los vikingos no quemaban a sus muertos en botes
que arrojaban al mar en llamas. Podían enterrarlos
o cremarlos en una pira fúnebre, pero la pira estaba
en tierra. Los entierros en barcos estaban reservados para
miembros sobresalientes de la sociedad, pero estos barcos
no eran arrojados al mar. Así se generan los rumores.

471

Aunque siempre hemos creído que la sangre es roja porque contiene hierro, en realidad, el color rojo de la sangre se debe a un anillo de átomos en la hemoglobina llamado porfirina, cuya estructura le da su color a la sangre. Cuando las moléculas de oxígeno se unen a este anillo, la sangre adquiere su vívido color rojo.

472

¿Tus huesos se acomodan cuando truenas los nudillos de tus dedos? En realidad ese sonido característico se debe a pequeñas burbujas en el fluido de las articulaciones que estallan cuando se les aplica presión y los huesos siguen en su lugar.

473

Dicen que la piel es el órgano más grande del mundo, pero se equivocan. El intestino delgado no solo tiene una longitud de 7 metros, sino que su superficie total es de 250 metros cuadrados, el tamaño de una cancha de tenis. Aunque jugar tenis sobre tu intestino no es recomendable.

474

En un día, el corazón humano late alrededor de 100 000 veces y bombea el equivalente a 7 570 litros de sangre. Así que si alguna vez sientes que no hiciste nada, piensa en este esfuerzo diario.

475

En las películas de acción, solo tienes que agacharte dentro de tu coche para que las balas del malo no te toquen. En realidad, la carrocería de un auto ofrece muy poca protección porque el metal es muy delgado y fácil de perforar. El único lugar relativamente seguro es detrás del motor, ya que los componentes metálicos son muy gruesos. Más le vale al protagonista llevar un auto con motor grande.

476

La creencia popular de que los animales son mejores que nosotros en todo es falsa. Superamos a todos los animales con nuestra capacidad de correr grandes distancias. Los primeros humanos cazaban a sus presas persiguiéndolas por muchísimos días, hasta que estas literalmente morían de cansancio. Eso significa que también somos el animal más necio.

477

El emperador Cómodo, villano de la película *Gladiador* (2000), existió de verdad. Reinó por 12 años y se le recuerda como uno de los peores emperadores romanos. También participó en varias batallas en el Coliseo porque le encantaba ser el centro de atención. Vaya forma de ser el alma de la fiesta.

478

Durante mucho tiempo se creyó que las uñas
y el cabello seguían creciendo aún después de morir,
pero es solo un mito. Una vez muerto, el cuerpo deja
de desarrollarse por completo. Lo que en realidad sucede
es que la piel se seca y se encoge. Esto produce la ilusión
de que uñas y cabello siguen creciendo. Seguro le causó
un buen susto a más de un embalsamador.

479

**¿Crees que tu piel siempre es la misma? No. Tu piel
te protege de muchas cosas, como de la radiación solar.
Además, en todo momento, tiene cerca de 1 000 especies
diferentes de bacterias sobre ella, por eso se renueva
completamente cada 28 días, aproximadamente.**

480

¿Alguna vez te han puesto alcohol en un raspón
o una cortada? Arde, ¿verdad? En realidad, lo que arde
es la temperatura de tu cuerpo. Cuando tienes una herida
y le aplicas alcohol para que no se infecte, este reduce
el umbral de tus receptores de dolor a tal grado que
la misma temperatura corporal les resulta dolorosa.
Por eso muchas heridas también vienen acompañadas
de una sensación de calor.

481

Que en una película el protagonista se aleje
tranquilamente de una explosión sin siquiera voltear
a verla es pura fantasía. La onda de choque pasaría por el
cuerpo humano y dañaría órganos y tejidos, luego llegarían
la metralla (fragmentos de objetos destruidos por la
explosión) y el calor. Más le vale correr al héroe.

482

La imagen del vikingo cornudo es un mito que
se originó en el siglo XIX, varios años después de
que muriera el último de ellos. Existe evidencia de que
estos cascos se usaban para ciertos rituales anuales y no
para la batalla pues los cuernos afectan enormemente
la habilidad de un guerrero para combatir cuerpo a cuerpo.
Todo lo que creíamos era mentira.

483

Un mito común de las películas es cuando el villano
malvado arroja su cigarrillo a un charco de gasolina
para que arda todo. Esto tampoco sucede en la realidad.
Un cigarrillo solo alcanza la temperatura de ignición
cuando se jala aire a través de él. La ceniza que queda
en la colilla del cigarro no es lo suficientemente caliente
para encender un charco de gasolina.

**Aunque el efecto Coriolis sí existe y sí afecta
la dirección en que el agua gira, solo lo hace en cuerpos
de agua grandes, como los océanos.**

Cuando un coche cae por un barranco en una película,
da volteretas y, al llegar al fondo, explota de forma
dramática. Aunque esto es posible, es muy raro.
Generalmente, un coche que cae por un barranco
solo se despedaza.

Algunas personas tienen un hueso extra en la rodilla.
Se le conoce como fabela o hueso sesamoideo. Crece
en el tendón de un músculo que se encuentra en la parte
trasera de la rodilla y puede causar dolor. ¿Estás seguro
que tú no lo tienes?

Aunque normalmente hablamos de 5 sentidos básicos
(gusto, olfato, visión, oído y tacto), en realidad tenemos
muchos más: el del balance, de la temperatura o del
tiempo. También existe el sentido de la propiocepción
o kinestesia, es decir, la forma en que te percibes a ti
mismo y sabes dónde terminas tú y empieza el exterior,
gracias a esto no te estampas contra la pared, por ejemplo.

488

Pensamos en los piratas como algo del pasado, pero en realidad todavía existen. Lugares como Somalia, en África, están plagados de piratas que pueden robar buques cargueros o secuestrar a las tripulaciones para pedir rescate. Incluso hay piratas en México que atacan barcos o plataformas petroleras y muchos trabajan por órdenes de narcotraficantes.

489

Quedar bañado en litros de sangre como en película de samuráis es muy exagerado, sin embargo, el corazón sí tiene bastante fuerza. Cuando el corazón bombea la sangre por nuestro sistema, crea tanta presión que cuando una arteria es cortada, puede arrojar un chorro de sangre hasta una distancia de 9 metros.

490

Durante mucho tiempo, el estudio de la anatomía fue mal visto porque el cuerpo se consideraba sagrado. Benjamin Franklin, uno de los padres fundadores de Estados Unidos, tenía un amigo llamado William Hewson, que era doctor y a quien le prestaba su sótano para dar clases clandestinas de anatomía. En 1998 se encontraron 15 esqueletos escondidos en su sótano. El misterio es ¿de dónde sacaron los cuerpos?

491

Aunque la idea de ser invisible suena tentadora, la verdad
es que no te serviría de mucho para espiar a la gente.
Para que una persona fuera invisible, la luz debería pasar
a través de ella, por lo que la luz no entraría a los ojos
y no sería posible ver. No se puede todo, al parecer.

492

¿Alguna vez has sentido que te caes mientras duermes
aunque estés justo en medio de la cama? Esta sensación
se llama tirón hipnagógico y aunque es muy común
en todo el mundo, los especialistas en sueño todavía
no saben por qué ocurre.

493

La palabra gelatina proviene del latín *gelatus*,
que significa congelar o helar. Aunque tiene que
ver con el proceso de preparación, olvidaron incluir
el aspecto movedizo que tiene.

494

Los gladiadores no eran esclavos cuya trágica vida
terminaba con la muerte en el coliseo. Eran el equivalente
a Ronaldo o Messi del Imperio romano, por ello,
muchas peleas estaban arregladas, se les cuidaba bien
y recibían todos los beneficios de una estrella.
Seguramente también tenían su club de fans.

495

Las papilas gustativas no solo están en la lengua. El adulto
promedio tiene entre 2 000 y 4 000 papilas gustativas
que también se encuentran en la garganta, el esófago
y hasta la nariz. Así es, tu nariz no solo huele, también
saborea. Quizá por eso sabes perfectamente bien cómo
sabe un moco aunque nunca hayas probado uno.

496

En las películas del oeste, el heroico protagonista
siempre tiene puntería infalible. La verdad es que
las armas antiguas tenían tan mala puntería debido
a sus diseños que incluso era difícil acertar
a un blanco estático a 5 metros.

497

Según un mito, el apéndice, un tubo conectado
al intestino grueso, almacena las semillas que comemos
a lo largo de nuestra vida y cuando se llena nos da
apendicitis. La verdad es que el apéndice es una guarida
para las bacterias buenas y nos ayuda a la producción
de anticuerpos para combatir infecciones cuando somos
niños. Y nosotros que le decíamos inútil.

498

No todos los aviones son pequeños. El avión más grande
del mundo es el Antonov AN-225, de origen ucraniano.
Es tan largo y ancho como un campo de fútbol.

499

Si tus papás te insisten en que hagas amigos, hazles caso. No tener amigos podría tener los mismos efectos negativos en tu salud que fumar. Hay una conexión entre la soledad extrema y los niveles altos de una proteína encargada de coagular la sangre relacionada a las enfermedades cardíacas. Nada saludable.

500

Las huellas digitales sirven como método de identificación por ser irrepetibles, pero no son las únicas. La distribución de las papilas gustativas en la lengua también forma una huella única e irrepetible. Aunque quizá no sea tan sano andar lamiendo cosas para identificarnos.

501

Los piratas no solo eran hombres: dos de las piratas más famosas en la historia fueron Anne Bonny y Mary Read, que vivieron a principios del siglo XVIII. Muchas otras mujeres también lo eran, pero se disfrazaban de hombres para protegerse de ellos.

502

Lo más seguro es que las posesiones demoníacas no existan, pero los exorcismos son una práctica muy real y, aunque se piensa que son algo de la Edad Media, la verdad es que todavía se realizan.

503

Pedir dulces en Halloween puede parecer cosa de niños,
pero antes era algo muy serio. Debido a la pobreza
de Irlanda en el siglo XIX, durante estas festividades
se inventó el *souling*, una actividad en que los pobres
rezaban por las almas de los difuntos frente a la casa
visitada por algunas horas a cambio de comida.

504

Los primeros en descubrir el alto contenido de proteínas
de la gelatina fueron los franceses y, por eso, Napoleón
y sus tropas la consumían. En 1845, un hombre llamado
Peter Cooper patentó la mezcla de gelatina en polvo
y en 1875 se pudo producir en masa para que llegara
a todos los hogares del mundo.

505

El proyecto SETI se dedica a la búsqueda de vida
extraterrestre. Es tan famoso e importante, que incluso
aparece en películas. Una de ellas es *Contacto*, de 1997,
basada en la novela homónima de Carl Sagan; en ella
se muestra al Proyecto SETI, su funcionamiento básico
y cómo podría llevarse a cabo un encuentro
con una civilización extraterrestre.

506

Aunque los corsés, una prenda interior femenina con varillas, sí existieron y en las películas son usados como metáfora de la opresión, en realidad estaban pensados para dar soporte y ayudar a la postura. De cualquier forma, las mujeres de todo el mundo agradecen que ya no estén de moda.

507

De acuerdo con la mitología griega, para recuperar su estado de héroe, Hércules tuvo que completar 12 tareas. En la película homónima de Disney, la mayoría de estas, como derrotar al león de Nemea, al jabalí de Erimanto y a las aves del lago Estínfalo, aparecen cuando Hércules apenas conoce a Megara, pero en realidad cumplió estas tareas después de casarse con ella.

508

¿Alguna vez te han advertido que no comas mucho antes de dormir porque podrías tener pesadillas? Aunque suena a mito, no lo es. El Centro de Trastornos del Sueño en Cleveland, Estados Unidos, reveló que ingerir alimentos justo antes de acostarte aumenta la temperatura de tu cuerpo y tu metabolismo, lo que produce una mayor actividad cerebral.

¿Has escuchado que tus dulces de Halloween podrían estar envenenados? Este es un mito inspirado en la historia de una señora de Nueva York que en 1964 le dio a los adolescentes veneno para hormigas y galletas para perro. Ella dijo que era una broma, pero la policía, naturalmente, la acusó de ponerlos en riesgo. Eso sí da terror, ¿no?

¿Sabías que desde el inicio de la industria hasta 2019, se han creado alrededor de 1 181 019 videojuegos? No son tan pocos como creías.

¿Viste la película *Pocahontas* (1995), de Disney? Aparece una mujer nativa americana que sí existió aunque su nombre real era Matoaka, tenía 11 años. También el inglés John Smith, que tenía 27 años cuando fue capturado por los nativos. No fueron novios aunque sí convivieron por algún tiempo y se enseñaron sus idiomas el uno al otro.

La gelatina es más popular de lo que creemos. La ciudad de Salt Lake City es la mayor consumidora de gelatina de limón en Estados Unidos. En México se le considera el postre más consumido y representa el 52 % de todos los postres refrigerados en el país. ¿A ti también te gusta tanto?

513

Dicen que las vacas blancas dan leche normal,
las cafés dan chocolate y las negras dan café. ¿A quién
se le ocurrió? Quién sabe, pero obviamente es falso.
No importa su color, las vacas dan leche blanca.
Los sabores como fresa, vainilla o chocolate se añaden
después. Y el café ni siquiera viene de las vacas.

514

Dicen que no debes recalentar las espinacas porque
se vuelven veneno. Lo más sorprendente es que tiene
algo de cierto. Las espinacas contienen compuestos
químicos llamados nitratos que, aunque no son muy
tóxicos, con el tiempo se descomponen en nitritos que
sí se asocian con efectos nocivos para la salud.
Mejor come las espinacas en cuanto las cocines.

515

Aunque eran muy populares en las películas de monstruos
de la década de 1950, en la naturaleza no existen insectos
realmente gigantes. Una de las razones es que sus
exoesqueletos (la parte externa que los recubre y protege)
serían demasiado pesados y quedarían aplastados bajo
su propio peso. Bendito sea el cielo, los insectos están
condenados a ser pequeños.

516

Hay quienes piensan que los pilotos de avión
tienen paracaídas ocultos para que, en caso de emergencia,
puedan saltar y dejar a los pasajeros a su suerte. Esto
es falso. Es trabajo de los pilotos asegurar el bienestar
de los pasajeros, incluso durante una emergencia grave.
Puedes confiar en ellos.

517

Quizá pienses que para hipnotizarte hace falta
mecer un reloj frente a tus ojos, pero la hipnosis es más
frecuente. Tanto que una persona promedio
experimenta un estado de hipnosis dos veces al día.

518

En caso de una tragedia, todos los aviones cuentan con una
caja negra, el dispositivo que registra las transmisiones en
la cabina de un avión y otros datos de navegación. ¿De qué
color es la caja? Desde luego, anaranjada, por el material
con que se hace la pintura resistente al calor y para ser
más fáciles de encontrar después de algún accidente.

519

Seguro tus papás te han dicho que después de comer tienes
que esperar 2 horas para poder nadar de nuevo. Pues es un
mito. Hay suficiente sangre para digerir y nadar al mismo
tiempo. ¡No más niños infelices junto a la alberca!

520

En 1983, la saturación del mercado de videojuegos,
con decenas de consolas y catálogos de cientos de juegos
de pésima calidad, causó pérdidas millonarias de hasta
el 97 % de los ingresos de las compañías estadounidenses.
La crisis se extendió hasta 1985, cuando empresas japonesas
como Nintendo lanzaron nuevas consolas y revivieron
al gigante moribundo.

521

Canadá se llama así por un error de traducción. En 1535,
los nativos iroqueses de la región le contaron a Jacques
Cartier sobre una ruta que atravesaba una pequeña aldea
cercana. El problema es que "aldea" se dice "canadá" en
iroqués, pero el buen Jaques pensó que así se llamaba toda
la región. O sea que hay todo un país que se llama Aldea.

522

¿Qué tan grande es el sistema solar? Depende cómo
lo midas. Si mides hasta la órbita del planeta Neptuno,
el diámetro es de 9.09 mil millones de kilómetros.
Si mides hasta la heliopausa, el punto en el que la
influencia del Sol es menor que la del entorno cósmico
y la de otras estrellas, entonces el sistema solar mide 180
unidades astronómicas Cada unidad astronómica (UA)
equivale a 149597870.691 kilómetros. O sea, es gigante.

523

He escuchado en varias ocasiones que las papas a la francesa tardan semanas en digerirse, pero no es cierto. Las papas son como cualquier otro alimento y no son de plástico. Todos los alimentos, incluidas las papas a la francesa, tardan entre 24 y 72 horas para salir de tu cuerpo.

524

¿Conoces la ensalada César? La verdad es que el primero en prepararla fue un chef que se llamaba Remigio Murgia y vivía en Tijuana, al norte de México. La preparó por primera vez en 1924 y la nombró así en honor al dueño y al cocinero del restaurante donde trabajaba, ambos de nombre César.

525

Aunque creemos que solo supimos que la Tierra era redonda cuando los europeos se toparon con América, lo cierto es que Eratóstenes, un matemático griego del siglo III antes de Cristo, calculó la circunferencia de nuestro planeta midiendo las sombras que proyectaba una vara de madera en diferentes ciudades durante el equinoccio vernal. Lo más sorprendente es que su cálculo tuvo apenas un 6% de error respecto a la circunferencia real.

En Japón, cuando una persona se duerme en el trabajo, sus jefes consideran que se debe a que es un muy buen empleado y ha trabajado hasta el cansancio. A este fenómeno le llaman *inemuri*, que significa "presente mientras duerme".

¿Los hombres no deben llorar? Esto es solo un mito. Seas niño, niña o una persona adulta, no tiene nada de malo hacerlo. Llorar es una forma de que el cuerpo exprese emociones negativas y hacerlo reduce el estrés. No dejes que nadie te haga sentir mal por expresar lo que sientes.

No solo las hembras se embarazan. Hay especies en las que los machos se encargan de este proceso. Por ejemplo, los caballitos de mar. Me pregunto si los bebés de caballito de mar se llaman potrillos de mar.

Los hipocondríacos del mundo tienen un mito favorito sobre los aviones: el aire está lleno de gérmenes. Es cierto que las aerolíneas reciclan el 60% del aire, pero lo hacen pasar por filtros de grado hospitalario que remueven el 90% de los gérmenes. El aire dentro de un avión se renueva cada 3 minutos. Podemos descansar de esa preocupación.

530

Hasta el año 2013, en Rusia todas las bebidas
con menos de 10% de alcohol, como la cerveza,
no se consideraban bebidas alcohólicas sino refrescos.
Aún hoy se puede encontrar a algunos despistados
tomándose un "refresco del que marea" en la vía pública.
Al menos hasta que la policía aparece.

531

Una de las limitantes para el crecimiento de los insectos
es la concentración de oxígeno en el ambiente.
Hace 275 millones de años, en el periodo Pérmico,
la cantidad de oxígeno en la atmósfera era mucho mayor,
por lo que vivió la libélula *Meganeuropsis permiana*,
el insecto más grande que ha existido. Tenía
70 centímetros de largo y pesaba medio kilo.

532

No es un mito que los dulces de cereza se hayan
hecho con animales. Hay un escarabajo llamado
cochinilla del carmín que produce un color rojo intenso
de forma natural. Los fabricantes del colorante crían miles
de estos escarabajos y luego los trituran para obtener
la materia prima del tinte tan seductor.

533

Aunque Estados Unidos y la Unión Soviética se enfrentaron en la carrera espacial, todo lo empezaron los alemanes. El primer objeto humano en llegar al espacio fue un tipo de cohete lanzado por primera vez en 1942 por la Alemania nazi. Se trataba del primer misil balístico llamado V-2 que originalmente estuvo pensado para atacar a Gran Bretaña.

534

¿Qué significa Halloween? No es un hechizo satánico, como piensan algunos. Es la contracción del inglés *All hollows eve*, o sea "víspera de todos los santos". La celebración adquirió este nombre luego de que los cristianos adaptaran la fiesta pagana celta de Samhain a su sistema de creencias.

535

Tal vez desees que esto sea mito, pero es muy cierto. Como las abejas no tienen botellas para transportar el néctar de las flores, lo beben y, una vez que regresan a su panal, lo regurgitan en contenedores especiales de cera, donde se convierte en miel. Así es, la miel es vómito de abeja.

536

Antes había muchas cosas que se usaban como moneda de cambio. En el antiguo Egipto usaban rábanos, ajos y cebollas. Los rábanos tenían un mayor valor por su utilidad para combatir infecciones. ¿Con cuántos rábanos podré comprarme un PlayStation 5?

537

Según un mito, Yucatán significa "no te entiendo". Y más o menos es verdad. Por ahí de 1517, un conquistador español quiso saber el nombre de la península y preguntó... en español. Como los indígenas mayas no hablaban español, le respondieron en su lengua *"Ma'anaatik ka t'ann"*, que significa "No comprendo tu hablar". También respondían *"Uh yu ka t'ann"*, que significa "Oye cómo hablan". Y así se quedó.

538

El inventor de las paletas heladas en realidad fue un niño de 11 años. En 1905, en San Francisco, Estados Unidos, Frank Epperson preparó una mezcla de soda dulce con agua, pero la olvidó y se fue a jugar. Esa noche hizo tanto frío que la mezcla se congeló. A la mañana siguiente, Frank encontró el vaso con la cuchara de madera y no se le ocurrió nada mejor que comerla.

539

La hipnosis no es cosa de magia. La ciencia
la ha reconocido desde el siglo XVIII. Franz Mesmer,
a quien también debemos el término *mesmerizar*
como sinónimo de hipnotizar, popularizó esta técnica
alrededor del año 1770. Desde entonces se han
desarrollado muchos estudios al respecto.

540

Según los mitos, las brujas se pueden convertir
en búhos y lechuzas, pero esto es falso. Los búhos y
las lechuzas son aves que se alimentan de ratones
y nos ayudan a controlar plagas. Si alguna vez
encuentras un búho o una lechuza no le hagas daño.

541

Existen muchos tipos de radiación y la mayoría no causa
daños. Por ejemplo, la luz de un foco y el calor que emite
el cuerpo humano son dos de los que casi nadie habla.
En realidad, la radiación peligrosa recibe el nombre
de ionizante y ningún aparato en el hogar la produce.

542

El miedo a volar en avión es uno de los más comunes
en el mundo. Es llamado aviofobia y 1 de cada 5 personas
lo sufre en mayor o menor medida.

543

Las papas a la francesa son de Francia, ¿no? Pues resulta
que es un mito. Este tipo de papas se llama así por el corte
en forma de bastones cuadrados, que es conocido como
corte francés. Las papas en realidad se inventaron
en Bélgica, a finales del siglo XVII.

544

La vida y la muerte del escritor Edgar Allan Poe
están rodeadas de misterios. Se le vio por última vez
en las calles de Baltimore, Estados Unidos, en 1849,
vistiendo la ropa de otra persona y lucía muy demacrado.
4 días después, murió en un hospital y con su último
aliento, gritó una y otra vez "Reynolds". Definitivamente
es el amo del misterio.

545

Pese a su imagen de salvajes en las películas,
los nativos americanos eran hasta más civilizados que
los vaqueros. Eran más espirituales, pensantes y limpios.
Nunca atacaban las caravanas de migrantes, sino que
les ofrecían ayuda como guías en territorios que conocían
a la perfección y comerciaban con ellos.
Qué buenos anfitriones.

546

Tal vez conoces la botana llamada Cheetos Flamin' Hot
y su tremendo picor. Lo que probablemente no sepas
es que fueron inventados por Richard Montanez en
1976, quien trabajaba como conserje en una de las
plantas productoras en California y le propuso la idea
al presidente de la compañía. ¿Cómo se le ocurrió
la idea? Se estaba comiendo un elote con mantequilla,
limón y chile en polvo.

547

Nuestros genes se componen de 3 mil millones de
elementos básicos que funcionan como ladrillos
y estos en realidad son muy comunes en toda la
naturaleza. Tanto que el 60 % de ellos también están
presentes en las uvas. El otro 40 % es lo que nos hace
tan diferentes. Esto demuestra que, de cierta forma, todos
los seres en la naturaleza formamos una gran familia.

548

Hace mucho tiempo, la comida de los astronautas
era una pasta deshidratada que venía en un tubo, pero
la tecnología de sus alimentos ha avanzado tanto que
el 10 de agosto de 2015, los astronautas de la NASA
lograron cultivar lechugas romanas rojas es una cámara
especial. Esto puede significar que los astronautas
pueden explorar el espacio por más tiempo.

549

Los sociólogos especulan que mentir es un
comportamiento que surgió a la par del lenguaje,
pues manipular a otros sin tener que recurrir a la fuerza
física nos dio muchas ventajas en la competencia por
la supervivencia. Pero decir la verdad también tiene
muchas ventajas en diversos entornos sociales. Mejor
hay que apostarle a la honestidad.

550

En la película *Mulán* (1998), la protagonista regresa
a casa después de los combates, en la vida real sirvió
en el ejército chino durante 12 años y recibió muchas
condecoraciones. Cuando se retiró, volvió a casa con
varios amigos del ejército y se puso ropa de mujer,
se dieron cuenta de su secreto. Los hombres
no fueron muy observadores que digamos.

551

Resulta que la música puede alterar el sabor de
la comida. Se ha descubierto que los sonidos agudos
hacen que la comida sepa más dulce y que los sonidos
graves la pueden hacer más amarga. Elegir la música
correcta a la hora de la cena puede hacer que
esas verduras al vapor sean un manjar.

¿Te han dicho que no te asomes al horno de microondas mientras funciona porque también te puede cocinar? No les creas. Las microondas que calientan la comida están dirigidas al interior del horno y nunca salen. Puedes relajarte un poquito.

Según un mito, los videojuegos son buenos para la coordinación y resulta que es verdad. Un estudio estimó que los cirujanos que jugaban videojuegos más de 3 horas antes de una operación cometían 37 % menos errores que sus colegas aburridos. Si planeas ser médico, ya sabes por dónde comenzar.

Otro disparate de científico loco que tiene algo de verdad es que el agua de coco se puede inyectar en las venas como sustituto de solución salina, pues es similar al plasma sanguíneo y tiene niveles altos de sodio. Sin embargo, solo debe usarse como último recurso en casos de absoluta emergencia.

Nintendo no siempre fue una compañía de videojuegos. Fue fundada en 1889 y hasta el año 1956 se dedicó a la fabricación de naipes. Y, por más extraño que parezca, aún hoy se dedican a la manufactura de estas cartas en Japón.

556

¿La pantalla de la computadora puede dañar tus ojos?
Se sabe que en promedio las personas parpadean de 10
a 15 veces por minuto, pero cuando una persona mira una
pantalla, el parpadeo se reduce a la mitad. Esto puede
resecar los ojos y causar estrés y fatiga visual. Por eso
se recomienda tomar descansos cada 20 minutos.

557

A todos nos levantan temprano con la excusa
de que el desayuno es la comida más importante del día.
Y aunque tiene sus beneficios, es un mito. La razón
por la que creemos que sí es por una campaña publicitaria
que en 1944 lanzó General Foods para vender su marca
de cereal Grape Nuts. Eso es a lo que llamo
una campaña publicitaria exitosa.

558

Los mensajes ocultos en canciones sí existen.
Todo comenzó en 1966 cuando John Lennon sin querer
reprodujo una cinta en reversa y le gustó cómo se oía.
Por esto, los Beatles comenzaron a grabar mensajes
en su álbum *Revólver* que solo podían ser escuchados
si se tocaba el disco en reversa.

559

Todos escuchamos "piloto automático" e imaginamos
un sistema mágico capaz de dirigir un avión sin
intervención humana. Esto es solo una fantasía. Los
pilotos automáticos son indicaciones de ruta, velocidad
y altura que se programan al inicio del vuelo y se activan
una vez que ha alcanzado cierta altura. Pero un humano
debe estar a cargo en todo momento.

560

Muchos piensan que los humanos somos el ser
más numeroso sobre la Tierra. En realidad, son los
colémbolos. Estos animales parecidos a insectos son
tan abundantes que en promedio hay 10 000 por metro
cuadrado de suelo y habitan todos los continentes
del planeta. En algunas partes, puede haber hasta 200 000
por metro cuadrado. Y si nunca has visto uno es
porque su tamaño máximo es de 5 milímetros.

561

Se dice que comer plátanos aumenta una sustancia
en el cerebro que nos ayuda a estar felices. Lo que en
realidad aporta felicidad son las grandes cantidades de
vitamina B6 que el plátano contiene y que el cerebro
usa para producir su propia serotonina.

562

¿Todas las mentiras son malas? No. Por definición,
todas las historias de ficción creadas para entretener,
como novelas, películas, series y hasta los chistes,
son mentiras porque no sucedieron en realidad. Todo
buen narrador es en el fondo un buen mentiroso.

563

Edgar Allan Poe fue uno de los más grandes escritores
de terror, fantasía y suspenso. Y también adivinó
el futuro una vez. En 1838, publicó la novela *La narrativa
de Arthur Gordon Pym*, que trata sobre 4 sobrevivientes
de un naufragio; en algún punto sufren tanta hambre que
3 de ellos matan y se comen a un aprendiz de marinero
llamado Richard Parker. En 1884, 46 años después,
un bote quedó varado en el mar con 4 sobrevivientes;
por el hambre que sufrían, 3 de ellos mataron y se
comieron a un aprendiz de marinero llamado
Richard Parker. ¿Coincidencia?

564

Antes había maquinitas para jugar videojuegos a cambio
de monedas. Cuando se lanzó *Space Invaders* en Japón,
la única forma de jugarlo era insertando una moneda
de 100 yenes. El juego fue tan popular y tanta gente lo
jugaba, que muchos dicen que todo el país se quedó
sin monedas de 100 yenes.

565

Los biólogos tienen una forma muy particular de llamar a los plátanos cuando están agrupados. A los individuales les llaman dedos, mientras que una fila es llamada mano. El término popular para un grupo de plátanos es penca.

566

El nombre del popular refresco Coca-Cola también se debe a uno de sus ingredientes originales: la nuez de cola. Estas nueces contienen kolanina, un estimulante para el corazón que produce la sensación de energía, pero que también puede causar insomnio si se consume de noche.

567

Las rugosidades en los sapos no son verrugas como creemos, son acumulaciones de glándulas que los biólogos llaman granulares. Estas producen sustancias que mantienen sana su piel y los protegen de los depredadores. Pero es mejor que no los toques porque te pueden causar irritación.

568

Adivina qué país se llama como un árbol: Brasil. Recibe su nombre del árbol Pau-Brasil. Cuando los portugueses llegaron a esta tierra, había tantos de estos árboles que quedaron sorprendidos y decidieron llamarla así.

569

El mundo de las palabras es muy interesante.
A los plátanos en inglés se les llama banana y esta
es una palabra de origen árabe que significa "dedos".

570

¿Tus papás te regañan porque juegas mucho? Preséntales a
Carrie Swidecki. Esta mujer de California, Estados Unidos,
jugó *Just Dance 2015* del 11 al 17 de julio de 2015 sin parar,
lo que la hizo acreedora a un récord Guinness. En total
bailó 138 horas con 34 segundos. Impresionante, ¿no?

571

Aunque por mucho tiempo se pensó que era un mito,
desde hace años sabemos que el lugar más alto del mundo
es el Monte Everest, ubicado en la frontera entre China
y Nepal, con casi 8850 metros de altura.

572

Sucede que humanos y los chimpancés somos
muy similares porque 98.8 % de nuestro ADN es idéntico.
Pero eso no quiere decir que los monos se volvieran
humanos de pronto. Lo que pasa es que tenemos
un ancestro común de hace 7 millones de años, cuya
descendencia se dividió en dos familias debido a las
condiciones climáticas. Una de ellas fueron los monos
que conocemos hoy. La otra somos nosotros.

573

¿Te has preguntado por qué las galletas Marías se llaman así? Fueron creadas por la compañía repostera Peek, Frean & Co. en Londres, Inglaterra, para conmemorar la boda de la duquesa María Alexandrovna de Rusia. El postre tomó su nombre en 1874 y se popularizó entre la nobleza debido a que era el acompañante perfecto para el té.

574

Durante mucho tiempo se creyó que el Sol era la única estrella con planetas a su alrededor. Hoy los astrónomos piensan que la mayoría de las estrellas en nuestra galaxia tienen planetas girando alrededor de ellas. Ya solo falta encontrar vida extraterrestre.

575

¿De dónde provienen las naranjas? Sus orígenes pueden rastrearse, en el año 4000 antes de Cristo, al sureste de Asia, desde donde las llevaron a la India y, a partir de ahí, se desplazaron por el mundo.

576

¿Alguna vez te advirtieron tus papás que no te orinaras en la alberca porque el agua tiene un tinte especial que la vuelve azul que te delata? Te voy a contar un secreto: no existe ese tinte. Pero sí es horrible nadar en orina. Así que de todos modos no lo hagas.

Los verdaderos usos psicológicos de la hipnosis son superar miedos y fobias, ayudar a perder peso, superar recuerdos negativos, entre otros. A esta práctica se le conoce como hipnoterapia y es un tratamiento médico aceptado desde la década de 1950.

Para aquellos que no lo sepan, las cecilias son anfibios de cuerpos alargados sin patas. Miden entre 98 y 104 milímetros y su piel es húmeda, por lo que parecen lombrices gigantes. Actualmente se conocen unas 200 especies de ellas.

¿Es cierto que los perros y los gatos solo ven en blanco y negro? No, es un mito. Ambos pueden ver tonos amarillos y azules, así como cualquier combinación de esos dos colores. Además poseen un mayor número de células sensibles a la luz, por lo que pueden ver mucho mejor en la oscuridad. Tal vez por eso les gusta andar de vagos en la noche.

¿Los hornos de microondas pueden causar cáncer? No, es solo un mito. Aunque estos hornos sí emiten cierta radiación, esta no es del tipo ionizante, que es la más peligrosa.

581

¿Alguna vez te dijeron que las plantas sienten? Pues
no estaban mintiendo del todo. Las plantas no procesan
el dolor como los animales, pero tienen otros sistemas
mediante los cuales perciben y comunican estímulos
como el daño. El particular aroma del pasto cuando
alguien lo poda es una señal química de alerta que advierte
al resto del césped que hay peligro cerca.

582

**Los huevos de avestruz son los más grandes del mundo
y llegan a pesar 1.5 kilos. Los más pequeños pertenecen
al colibrí zunzuncito, que pesan apenas medio gramo.**

583

Cuando la planta *Arabidopsis* es atacada por orugas
o pulgones, envía una señal eléctrica de hoja en hoja
para que comiencen a producir defensas químicas
en mayor cantidad y evitar ser devorada.

584

La gelatina no solo se come, la industria farmacéutica
la usa para recubrir y proteger algunos medicamentos,
mientras que en la fotografía se usa para la elaboración
de papel fotográfico y películas de rayos X. Solo no
intentes comerte una fotografía pensando que sabrá
a gelatina, no creo que funcione.

585

Por si no estuviéramos ya aterrados de los robots, el Instituto de Ciencia y Tecnología de Corea creó un robot llamado Raptor, que está diseñado para correr más rápido que un humano ya que alcanza hasta los 46 kilómetros por hora. Como referencia, Usain Bolt, el hombre más rápido del mundo, corre a 44.6 kilómetros por hora.

586

Cuando pensamos en murciélagos, es común que los relacionemos con la aterradora figura de los vampiros pero la verdad es que la mayoría de las especies de murciélagos prefieren alimentarse de insectos o fruta. Tan solo 3 especies prefieren animales de granja. No hay nada que temer.

587

Aunque no hay pruebas irrefutables de la existencia de extraterrestres, hay sucesos curiosos. El 15 de agosto de 1977, un grupo de astrónomos estadounidenses detectaron una señal de radio que, tanto por su frecuencia como por su duración, no podía ser explicada por ningún fenómeno natural. Quien la detectó quedó tan sorprendido que imprimió la señal en un papel y al lado escribió "¡wow!", por lo que se le conoce como la señal Wow.

588

Los libros forrados en piel humana sí existen. Desde
la década de 1930, el autor del libro *Destinos del alma*
se lo regaló a un amigo que era doctor, quien por alguna
razón decidió forrarlo con la piel de una paciente suya
sin familia que había muerto de causas naturales.
Yo digo que estaba loco.

589

**Los murciélagos siguen siendo salvajes aunque
se alimenten de fruta. No van a drenarte las venas, pero
pueden transmitir enfermedades como la rabia. Si alguno
llega a meterse a tu casa, lo mejor es llamar a un experto
en control animal para que se haga cargo de forma segura.**

590

El tiempo es una cosa extraña. Cuando vuelas hacia
el este, el día se acorta y "se pierden" horas. Esto significa
que nuestro reloj biológico debe reajustarse. Si viajas hacia
el oeste, "se gana" tiempo, por lo que el cuerpo puede
ajustarse con más calma al nuevo horario.

591

Cierto mito dice que a los murciélagos les encanta
el cabello humano, pero no. Estos animales necesitan
caer para poder impulsarse y comenzar a aletear. Por eso
parece que se lanzan hacia el cabello, pero no es así.
Sigue luciendo tu melena.

592

Los sobrecargos suelen solicitar a los pasajeros
que levanten las cubiertas de las ventanillas antes
de un aterrizaje para poder mirar afuera y valorar de
qué lado es más seguro evacuar el avión en caso de ser
necesario. No porque quieran que lo dejes ordenado
para el siguiente vuelo.

593

En 2018, las sondas espaciales Voyager 1 y 2, que fueron
lanzadas en 1977, estaban a 21 mil millones de kilómetros
de la Tierra. Son los objetos hechos por personas que
más lejos han llegado. Actualmente están por alcanzar
una zona llamada heliopausa, que técnicamente
es el fin del sistema solar.

594

En 1985, en medio de la histeria causada por grupos
evangélicos por supuestos mensajes satánicos en el rock,
la banda Slayer en la canción "Hell Awaits" puso mensajes
como "Únetenos" y "¡Bienvenido de vuelta!" solo para
divertirse. Les resultó muy bien.

595

Se dice que los murciélagos siempre giran a la izquierda
cuando salen de sus cuevas. Esto no es verdad: se ha
observado que pueden girar en cualquier dirección.
Las cosas que se le ocurren a la gente ociosa.

596

Es una creencia popular que no debes sangrar
en el agua porque en cuestión de segundos estarás rodeado
de tiburones. No es precisamente un mito, pero es una
exageración. Los tiburones son capaces de detectar sangre
hasta a 100 metros de distancia. Pero sangrar en el mar
no es tan peligroso, a menos que los tiburones
ya estuvieran cerca.

597

**La creencia de que los avestruces entierran la cabeza
cuando se sienten en peligro surgió en la antigua Roma
y se debe a que estos esconden sus huevos en agujeros
en la tierra y constantemente los revisan, de modo
que tienen que meter la cabeza en el suelo.**

598

Un temor muy común entre los pasajeros a quienes les
toca sentarse junto a la compuerta es que se desprenda.
Pero las compuertas de avión están diseñadas para formar
un sello hermético, de tal forma que la presión externa
del aire la mantiene en su sitio mientras el avión vuela.
Tendrías que ser Hulk para abrirla.

599

Hay muchos videojuegos con temática espacial,
pero ¿algún juego ha ido al espacio? En 1993, el cosmonauta
ruso Aleksandr Serebrov llevó un Game Boy con un
cartucho de *Tetris* a bordo. Cuando volvió, el cartucho
se vendió por 1220 dólares. Seguro ese astronauta no hizo
sus tareas mientras estaba allá.

600

Existe un parásito que infecta a los pájaros. Para poder
llegar a ellos, primero controla el sistema nervioso de
un caracol y lo convierte en zombi. Luego lo obliga
a subir a la copa de los árboles, donde es presa fácil para
los pájaros. Estos se lo comen y así, el parásito llega
a su huésped final, donde pasan el resto de su vida.

601

Hay historias que, aunque involucran eventos
desafortunados, tienen coincidencias curiosas. En 1784,
el barco de un marinero japonés llamado Chunosuke
Matsuyama naufragó y él terminó en una isla desierta.
Sin muchas alternativas de rescate, Chunosuke puso
un mensaje en una botella esperando ser encontrado.
El rescate nunca llegó y murió en aquella isla desierta.
Pero en 1935, la botella que arrojó al mar llegó a las
costas de Japón, justo frente a la misma villa
en la que había nacido.

602

La película *Megalodón* (2018) trata sobre un tiburón
de 25 metros al que le gusta comer personas, como todas
las películas de este tipo. Pero en realidad este tiburón
medía 18 metros y se extinguió hace 2.6 millones
de años y de él solo quedan fósiles de dientes.

603

**Se han descubierto alrededor de 6 317 especies
pertenecientes a la clase de los anfibios en todo
el mundo, de las cuales 5 576 son ranas y sapos.
Una buena mayoría dominante.**

604

¿Es cierto que las plantas crecen más cuando
escuchan música? Pues es verdad a medias. Se le conoce
como el efecto Mozart y se ha demostrado que pueden
percibir las vibraciones sonoras y reaccionar ante ellas,
pero ya sea Mozart, Deathmetal o un ronquido,
las plantas reaccionan igual.

605

Además de ser más civilizados que los recién llegados,
los nativos americanos eran mucho más limpios y se
sentían asqueados por la pésima higiene de los migrantes,
que podían pasar semanas y hasta meses enteros
sin bañarse. Eso de que eran sucios es puro cuento.

606

¿Sabías que uno de los libros más temidos del mundo no existe? H. P. Lovecraft fue un escritor estadounidense de cuentos de terror de principios del siglo XX y en muchas de sus historias hace referencia al Necronomicón, un libro cuya lectura causa la muerte. Era tan buen escritor, que mucha gente llegó a creer que este libro era real y lo han buscado por todo el mundo.

607

El pez más grande es el tiburón ballena, que alcanza los 12 metros de largo. Pero no hay nada que temer porque se alimenta de plancton, que son camarones diminutos. Este gigante gentil es tan dócil que incluso llega a jugar con los buzos que nadan cerca de ellos.

608

Aunque algunos músicos sí ponen mensajes ocultos en su composiciones por diversión, a veces todo está en nuestro cerebro. Existe un fenómeno llamado pareidolia auditiva, que trata de dar significado a sonidos aleatorios que parecen palabras y lo que se escucha depende del lenguaje que uno habla y del significado que se le quiera dar. ¡Qué relativo!

609

Aunque los tiburones tienen fama de máquinas de matar
y pueden llegar a ser peligrosos si no se es precavido,
en realidad no son tan letales. De hecho, ni siquiera les
gusta el sabor a humano, una vez que lo detectan, corren
por enjuague bucal para quitarse el horrendo sabor.

610

¿Es cierto que nunca debes poner objetos de metal dentro
de un horno de microondas? Esto es cierto. Hacerlo provoca
que unas partículas llamadas electrones sean conducidas
a través de él y produzcan chispazos y destellos que,
además de dañar el horno, pueden iniciar un incendio.

611

Más que por los tiburones, los animales por los que
debemos preocuparnos son los hipopótamos. Pues
los machos y las hembras con crías suelen ser muy
agresivos y territoriales. Por fortuna, estos no se reúnen
en los callejones oscuros de las ciudades.

612

Los espejos todavía son fuente de superstición
en la cultura maya. Hoy, en San Juan Chamula, un pueblo
al sur de México, es ilegal tomar fotografías dentro
de una iglesia y también se protege a los niños de las fotos
con cámaras análogas, porque se cree que las almas de
los niños son frágiles y podrían abandonar su cuerpo.

613

Un hipopótamo adulto puede alcanzar los 30 kilómetros por hora al correr. Como referencia, Usain Bolt, el humano más rápido del mundo, corre 44.6 kilómetros por hora. Y seamos honestos, la mayoría de nosotros no corremos ni la mitad que eso. Más vale nunca retar a un hipopótamo.

614

¿Hace falta un hipnotista para hipnotizarte? En realidad no. A fin de cuentas, toda hipnosis es una autohipnosis, pues el sujeto decide seguir la sugestión. Por lo tanto, si aprendes los elementos clave de una sesión, puedes crear tu propia sesión. Eso es ser autodidacta.

615

¿Sabías que las vacas son más peligrosas que los tiburones? En promedio, las vacas matan 5 veces más personas que los tiburones. Pero simplemente es un asunto de proximidad. Es más probable que la gente esté cerca de ellas porque las criamos con diversos fines y que, en el camino, alguien salga lastimado.

616

Si las cajas negras de los aviones no son negras, ¿entonces por qué se llaman así? Porque funcionaba como una cámara fotográfica y por ello era necesario que no entrara nada de luz en ella. Como su interior siempre estaba oscuro, recibió dicho nombre.

617

¿Cuál es el animal más letal del mundo? Los más odiosos: los mosquitos. En promedio, estos pequeños causan 725 000 muertes al año, pues cuando nos pican pueden transmitirnos virus y parásitos. Las enfermedades más peligrosas que transmiten son la malaria y el dengue.

618

Los coches de Fórmula 1 están diseñados para que la fuerza del aire los presione contra el piso al pasar por sus carrocerías, con lo que generan una fuerza 3.5 veces mayor a la gravedad. Esto quiere decir que un Fórmula 1 podría conducir por el techo de un túnel, de cabeza, sin caer. Eso haría más interesantes las carreras.

619

Es común que entre más avanzas en un juego, más difíciles se vuelven sus niveles. Cuando se creó uno de los videojuegos pioneros, *Space Invaders*, en 1978, se suponía que los extraterrestres siempre se moverían a la misma velocidad. Los programadores no sabían que, conforme eliminabas a los invasores, se liberaba espacio de procesamiento en los chips y el juego comenzaba a moverse más rápido. Accidentes felices.

620

El 13 de enero de 2021, la Agencia Central de Inteligencia (CIA, por sus siglas en inglés), hizo públicas cerca de 3 000 páginas de información sobre objetos en el cielo que la CIA, la mayor agencia de investigación de Estados Unidos, no ha podido explicar.

621

El juego *indie* más exitoso del mundo fue creado por Markus Alexej Persson, mejor conocido como Notch. El videojuego cuenta con más de 200 millones de copias vendidas, con lo que ha superado por más de 10 millones a *Tetris*, el antiguo campeón. Se trata de *Minecraft*.

622

¿Sabías que los bosques tienen algo parecido a internet? Se trata de una red de hongos que forma una relación de apoyo mutuo con los árboles. Mediante ella, los árboles pueden compartir nutrientes con sus vecinos para mantenerse sanos. ¡Eso es ser solidario!

623

Los humanos han ideado soluciones propias de la ciencia ficción para tener a los mosquitos bajo control. Por ejemplo, en Florida planean liberar 750 millones de mosquitos modificados genéticamente para que no se puedan reproducir y que sea más difícil la transmisión de enfermedades.

624

A pesar de las películas, la mayoría de los dioses griegos
del Olimpo eran bastante cretinos y desgraciados.
Lo opuesto sucedió con Hades. Mientras que en la película
es el villano, en los mitos griegos es el dios más decente
y agradable (para los bajos estándares de decencia
que tenían los dioses griegos).

625

Aunque no era una creencia compartida por todos,
algunos nativos americanos sí temían a las fotografías y
a menudo se negaban a ser fotografiados. Con el tiempo,
las fotografías llegaron a ser atesoradas por los nativos
americanos como vínculos con sus ancestros y hasta
las integraron en ceremonias importantes.

626

**Si alguien dice que no se tira gases, miente.
En promedio, todos lo hacemos entre 14 y 22 veces al día.**

627

No sé si lo hayas escuchado, pero se dice que las jirafas
duermen 30 minutos al día y solo por periodos de 5
minutos. Si bien es cierto que requieren muy poco sueño,
en realidad no es necesariamente media hora. En
promedio, cada jirafa dormía apenas 4.6 horas por día
y lo hacían durante la noche, con siestas al mediodía.

628

Como hoy es la norma, todos creemos que las computadoras siempre han sido electrónicas, pero esto no siempre fue así. La primera máquina que se considera una computadora fue creada en 1822 por Charles Babbage y realizaba cálculos matemáticos de forma mecánica.

629

Los animales que menos duermen son los elefantes, que en promedio descansan 3 horas al día. Mientras que los koalas pueden dormir hasta 22 horas. Yo me parezco más a estos últimos.

630

Es hora de hablar de flatulencias. Solo el 1% del gas que las compone huele feo. El 99% restante está compuesto de dióxido de carbono, hidrógeno, nitrógeno, oxígeno y metano, todos gases sin olor. El culpable del escándalo aromático uno es el llamado sulfuro de hidrógeno.

631

¿Sabes qué sonido hacen las jirafas? No te preocupes, no eres el único que jamás ha escuchado a una. Las jirafas sí emiten sonidos, su frecuencia es tan baja que se necesita equipo especial para escucharlos. A veces los machos hacen ruidos similares a una tos para atraer a las hembras y estas silban para comunicarse con sus crías.

632

¿Un avión enorme es mejor que uno pequeño? Ninguno es mejor. El factor fundamental es el piloto. Toda aeronave está diseñada para ser segura durante un vuelo y enfrentar condiciones difíciles sin importar su tamaño, pero los pilotos de vuelos comerciales tienen un récord 4 veces mejor que el mismo tipo de aviones dirigidos por pilotos privados.

633

Tal vez te sorprenda saberlo, pero es un hecho que un avión es más seco que un desierto. Mientras que el nivel de humedad en el desierto del Mojave, en Estados Unidos, es del 50%, la Organización Mundial de la Salud pudo determinar que la humedad a bordo de un avión comercial es de apenas 20%. Por eso es importante mantenerte bien hidratado cuando vueles.

634

¿Es cierto que los canguros son animales mágicos que no tiran gases? No. Un investigador de la universidad de Zúrich, en Suiza, fue el encargado de analizar las flatulencias de los canguros y descubrió que emiten la misma cantidad de gas que cualquier otro animal de tamaño similar.

635

Según un mito, los puercoespines pueden disparar sus púas. Pero es falso. El mito surge porque estas púas se desprenden con gran facilidad y se quedan pegadas al cuerpo de sus depredadores. Por otro lado, los puercoespines también tienen pelaje muy suave, pero es mejor no tocarlos.

636

Las plantas pueden percibir estímulos externos e interpretarlos, pero ¿tienen emociones o pueden interpretar las nuestras? Parece que no. Diversos experimentos han tratado de comprobarlo: mientras que a una planta le dicen cosas bonitas, a la otra la insultan. En ninguno de los casos hubo diferencias en el crecimiento o salud de las plantas.

637

Los vegetarianos son más flatulentos que los carnívoros. Esto se debe a que comen verduras en mayor cantidad, muchas de las cuales contienen moléculas que no pueden ser absorbidas en el intestino delgado. Pero generalmente son los alimentos derivados de animales los que producen más olores, así que los vegetarianos contribuyen a hacer un mundo menos apestoso.

638

A los planetas que existen fuera del sistema solar se les llama exoplanetas. El primero de ellos fue descubierto en 1995. Antes de esto, se creía que no existían planetas fuera del sistema solar; hoy se han descubierto un poco más de 4000. Todo lo que creíamos ha ido cambiando poco a poco.

639

Puede que los hombres lobo sean cosa de mitos, pero están basados en algo real. Actualmente se han documentado unos 50 casos de personas en el mundo que tienen una condición médica llamada hipertricosis, que provoca el crecimiento de una cantidad inusual de pelo, pero son personas perfectamente normales que no atacan a la gente ni le aúllan a la luna.

640

Existe un parásito llamado *Toxoplasma gondii* que infecta a los gatos. La mala higiene de las ciudades ha hecho que también infecte a muchas personas, afectando el sistema nervioso humano de forma muy sutil al hacer más lentos sus reflejos, como los clásicos zombis.

641

¿Qué tan rápidas son las flatulencias? Bastante. Su velocidad promedio es de 3.05 metros por segundo, más o menos 11 kilómetros por hora.

642

Se cree que el vudú solo es una religión de maldiciones, magia negra y muñequitos con alfileres. Aunque sí hay algo de eso, es solo una parte muy reducida de los rituales que se realizan. La mayoría de los rituales y prácticas vudú buscan que una persona tenga buena suerte, reciba bendiciones y asegure la buena salud.

643

El chicle moderno existe gracias a Antonio López de Santa Anna, que fue presidente de México 11 veces. Junto a un fotógrafo de apellido Adams, intentaron encontrar un material más elástico, para los neumáticos del carruaje pero en su lugar, Adams le ofreció a los boticarios de Estados Unidos el chicle como producto de higiene bucal.

644

El chiste más antiguo del que se tiene registro data del año 1900 antes de Cristo y es un proverbio que dice: "algo que nunca ha ocurrido desde tiempos inmemoriales: una mujer joven que tira una flatulencia junto a su esposo". Quizá no sea el mejor chiste, pero por algún lado se debe empezar.

645

¿Es verdad que las naranjas son una de las frutas más fuertes del mundo? Todo parece indicar que sí. Tienen una resistencia tan grande a las enfermedades que al año mueren más naranjas por impactos de rayos que por plagas.

646

Se creía que los agujeros negros eran un mito, pero en 2019 el mundo vio la primera imagen del exterior de un agujero negro, con lo que se pudo comprobar la existencia de estos monstruos espaciales. Esto fue posible gracias al equipo de investigadores del proyecto mundial *Event Horizon Telescope* y a una experta en formación de imágenes por ordenador llamada Karie Bowman.

647

La miel de abeja es uno de los alimentos más antiguos de la humanidad. Los arqueólogos que descubrieron la tumba del faraón Tutankamón también encontraron ollas repletas de miel de más de 3 000 años de antigüedad. ¿Lo más asombroso? ¡Esa miel de 3 000 años todavía es comestible!

648

Uno de los mayores problemas ambientales que enfrentamos en todo el planeta son los combustibles fósiles porque casi todas las industrias los utilizan de un modo u otro y son muy contaminantes. Por eso se desarrollan cada vez más tecnologías que dependen de energías limpias. La más útil, duradera y poderosa es el sol. ¿Te lo imaginabas?

649

Quizá pienses que los hongos solo son esa forma
de champiñón en los juegos de *Mario Bros.*, pero en realidad
solo es la parte visible que libera esporas para reproducirse.
Los hongos son toda una red de filamentos que se
extienden bajo tierra y pueden extenderse a lo largo
de muchos, muchos metros.

650

**¿Sabías que la programación computacional
fue inventada por las mujeres? Una matemática llamada
Ada Lovelace escribió el primer algoritmo computacional
del mundo en 1843, por lo que se le considera
la madre de la programación.**

651

Es un mito que puedas explotar por retener
las flatulencias. Por más que te aguantes, tu cuerpo
está diseñado para dejar salir el gas tarde o temprano.
Mejor no te tortures y deja que sean libres.

652

Se piensa que un rayo no puede caer dos veces en
el mismo lugar, pero esto no es cierto. Tan solo el edificio
del Empire State es golpeado entre 25 y 100 veces por año.
Y un hombre de Virginia, Estados Unidos, llamado
Roy Sullivan, tiene el récord de haber sido impactado
por 7 rayos y sobrevivir a todos.

653

En muchas partes del mundo existen reglas
para tu seguridad vial y tiene sentido, pero la realidad
es otra. La industria automotriz inventó el concepto de
las multas por cruce indebido en la década de 1920 para
poder culpar a los peatones y no a los automovilistas,
por los accidentes de tránsito.

654

Hay una condición psicológica muy real llamada
licantropía clínica, en la que una persona cree que
su cuerpo cambia a la forma de un lobo y comienzan a
comportarse como tal. Ser o parecer, he ahí el dilema.

655

Aunque se piensa que los automóviles no fueron
inventados sino hasta finales del siglo XIX, esto es un
mito. En 1769, un hombre llamado Nicolas-Joseph Cugnot
inventó el primer vehículo mecánico autopropulsado
en Francia. Se trataba de un triciclo a vapor.

656

Es una imagen muy común: un estanque lleno de patos
y alguien que los alimenta con pan desde la orilla. Sin
embargo, esta mítica imagen en realidad oculta un peligro.
El pan no tiene mucho valor nutricional para las aves y
puede causarles problemas de salud. Lo mejor es comprar
alimento especial para ellas cuando quieras alimentarlas.

657

Las flatulencias no son un asunto de vida o muerte,
¿o sí? Para un diminuto pez del norte de México llamado
cachorrito del Bolsón, sí. Este se alimenta de algas que
producen burbujas de gas cuando hace calor. Si el pequeño
no libera el gas pronto, se acumula en su interior y
comienza a flotar hasta la superficie, donde se vuelve
una presa fácil para los depredadores.

658

Muchos jugadores están de acuerdo en que el peor
videojuego de la historia se llama *E.T., el Extraterrestre*.
Que fue lanzado por una de compañías pioneras en 1982,
Atari. Según un mito, este juego provocó la crisis de
la industria que ese año casi hizo desaparecer de la faz
de la Tierra a esta genial industria.

659

En Japón existe un juego muy curioso y divertido que
se juega con chiles. En ese país tienen un chile llamado
shishito, que normalmente no es picoso. Pero 1 de cada 10
resulta ser muy picante. Los jugadores muerden uno a uno
los chiles hasta que sale el picoso y pueden reírse de las
caras que hace el perdedor. ¿Te dan ganas de jugarlo?

660

Aunque las termitas son muy pequeñas, cada una produce
apenas medio microgramo de gas metano. Aun así
son responsables de entre el 1% y el 3% de las emisiones
que contribuyen al calentamiento global.

661

En la película *Buscando a Nemo* (2003), Marlin,
un pez payaso, se embarca en un viaje épico a través
del océano para encontrar a su hijo, Nemo. En la vida real,
los peces payaso jóvenes suelen viajar cientos de millas
en mar abierto para encontrar otras poblaciones de peces
payaso. Suaaave...

662

¿Alguna vez te ha salido un gas tan ruidoso que hasta
los vecinos se asustaron? A los hurones les pasa seguido.
Muchos dueños reportan que, luego de soltar una
flatulencia ruidosa, sus mascotas se miran el trasero
con una expresión consternada.

663

El nombre de Vía Láctea no es el único que usamos
para llamar al conjunto de estrellas y gases blanquecinos
en el cielo nocturno. En China se le llama Río de Plata
y en el desierto del Kalahari, al sur de África, se le conoce
como Espinazo de la Noche. ¿Hay alguno que te guste más?

664

A veces las flatulencias no son inofensivas. Existe
una especie de insectos llamada Lomamyia latipennis,
parecidos a una polilla y los gases de sus larvas contienen
alomona, un potente químico mortal para sus presas:
las termitas. Para cazarlas, se les acercan y les tiran
una flatulencia silenciosa pero mortal.

665

Los rusos también tuvieron victorias en la batalla hacia
el espacio. El primer satélite artificial fue puesto en órbita
alrededor de la Tierra el 4 de octubre de 1957. Su nombre
era Sputnik I, que en ruso significa "satélite".

666

En 2018, un equipo de científicos descubrió que
los mexicas, el último pueblo mesoamericano antes
de la Conquista en México, también fueron atacados
por una epidemia de salmonelosis y uno de los síntomas
más aterradores que presentaban los enfermos era
que sangraban por los ojos, la nariz y la boca. Este
síntoma sigue dando origen a muchos mitos.

667

En promedio, una persona de 21 años ha pasado
5 000 horas de su vida jugando videojuegos. Y aun así
varios creen que no es suficiente tiempo cuando
su mamá les pide apagar la consola.

668

Por si no lo sabías, los pilotos reducen la intensidad de la luz dentro de un avión cuando aterrizan de noche para que, en caso de que algo salga mal durante el aterrizaje y los pasajeros necesiten evacuar, sus ojos ya estén adaptados a la oscuridad.

669

La primera persona en calcular la circunferencia de la Tierra fue un griego llamado Eratóstenes, quien era director de la biblioteca de Alejandría, el centro de acumulación de conocimiento más grande y maravilloso de la Antigüedad. Ten la certeza de que la Tierra es redonda.

670

Según el mito, cuando Cristóbal Colón zarpó de España, su plan era demostrar que la Tierra era redonda. La verdad es que los europeos de su época ya sabían tal cosa. El plan de Colón era establecer una ruta comercial con Asia. Qué bien que no murió en medio del océano gracias a América.

671

Las flatulencias sí tienen utilidad. Los manatíes las usan como método de flotación. Estos lindos animales tienen sacos especiales en los intestinos donde almacenan el gas. Entre más gases tengan, más flotan. Cuando quieren hundirse lo único que hacen es liberarlos.

672

Quizá no haga falta decirlo, pero los ciempiés no tienen cien pies. La mayoría de estos insectos tienen alrededor de 30 patas.

673

Aunque los agujeros negros no succionan como aspiradoras, existe un área a su alrededor que se llama horizonte de sucesos. Ahí la gravedad es tan poderosa que ni siquiera la luz puede escapar y nada de lo que entra vuelve a salir. No se sabe qué hay más allá de dicho horizonte. Todo un misterio.

674

El verdadero origen de la palabra *canguro* no es un error de traducción. Los exploradores ingleses llegaron a Australia en 1770 y preguntaron a los nativos Guugu Yimidhirr sobre el animal. Ellos lo llamaban *gangurru*, palabra que fue modificada al inglés *kangaroo* y luego al español *canguro*.

675

¿Has oído la expresión "vista de águila"? Pues deberíamos cambiarla, porque las águilas no tienen la mejor visión del reino animal. El campeón es el camarón mantis, cuyos ojos cuentan con células que perciben el color rojo, azul y verde, como los humanos, pero además perciben la luz ultravioleta. Esto significa que ven miles de colores más que los humanos.

676

Aunque no lo creas, no se puede hacer una representación plana de un objeto esférico como la Tierra. En realidad, los países al norte y al sur del mapa deberían ser más pequeños, mientras que los países cercanos al ecuador deberían ser más grandes.

677

En México existe un insecto mítico conocido popularmente como "cara de niño", algo parecido a un escarabajo. Se dice que son peligrosos, agresivos y que su veneno puede ser letal. Sin embargo, estos insectos, que también son llamados chinche de la patata, provienen de la familia de los grillos y no producen veneno y son totalmente inofensivos.

678

Todavía es posible visitar la primera página web que inició la avalancha de Internet. La página original salió al público en 1991 y pertenece al CERN, la Organización Europea de Investigación Nuclear, por sus siglas en inglés. Hoy sirve como un archivo histórico. Una reliquia en línea.

679

Las llantas de un avión pueden parecer pequeñas, pero son muy resistentes. Están diseñadas para soportar cargas de hasta 38 toneladas y pueden golpear el piso a 273 kilómetros por hora más de 500 veces.

680

**Los camarones tienen el corazón en la cabeza.
Imagina lo rápido que la sangre que bombea su corazón
llega a su cerebro. A la nuestra le queda un poco
más lejos ir de un lugar a otro.**

681

Se dice que en promedio una persona se come 8 arañas
mientras duerme. ¡¿Qué?! Afortunadamente, este mito
es falso. Si bien muchas arañas son cazadoras nocturnas,
es poco probable que a la luz de la luna decidan ir
a tu boca en busca de insectos. Puedes relajarte.

682

Según un mito, hay más arena en una playa que estrellas
en el cielo. ¿Será cierto? Se calcula que aproximadamente
hay 7.5 cuatrillones de granos de arena y un aproximado
de 70 mil millones de millones de millones de estrellas
en el universo observable. Mito derribado.

683

¿Es cierto que los humanos son los únicos seres vivos
capaces de sentir y tener emociones? Falso. La mayoría
de los animales con sistemas nerviosos complejos,
como los mamíferos, las aves y los delfines, son capaces
de tener sensaciones físicas como el dolor, sino también
emociones complejas, como la felicidad, el miedo
e incluso una forma básica de cariño.

684

Los robos de bancos en el Viejo Oeste eran casi imposibles, solo se llevaron a cabo 8 robos a bancos en 40 años. Esto porque los pueblos del oeste eran pequeños y las cantinas, los bancos y la oficina del alguacil se colocaban juntos. En cuanto intentaban robar el banco, el alguacil se enteraba con tan solo asomarse por la ventana.

685

¿Es cierto que los videojuegos no son para niñas? Esto es un gran mito. Desde la salida de *Mario Bros.*, las niñas conforman entre el 40 % y 48 % de los consumidores de videojuegos. Son para todos y todas.

686

Según las leyendas, hay diferentes cráneos de cristal en América que supuestamente datan de antes de la conquista y podrían ser prueba de contactos con extraterrestres. Pero según los expertos que los han analizado, lo más probable es que sean falsos y se hayan hecho con herramientas del siglo XIX. ¡Qué desilusión!

687

Aunque no sabemos si los animales sienten amor romántico, sí sabemos que algunos forman parejas para toda la vida. Los coyotes, los monos tití, los caballitos de mar, por mencionar algunos, se mantienen juntos para siempre una vez que encuentran una pareja.

688

Es una percepción errónea que los cerdos sean sucios.
Aunque suelen cubrir sus cuerpos con lodo, lo hacen
para proteger su piel del sol y los parásitos. Tienen
toda la intención de ser limpios.

689

Ahora todos estamos familiarizados con la pandemia
de Covid-19, pero ha habido otras epidemias muy
misteriosas en la historia. En 1962, en Tanganica,
hoy Tanzania, se desató una epidemia de risa que duró
casi un año en todo el país. Además de la risa,
los síntomas incluían llanto, desmayo, salpullido
y dolor. A la fecha, no hay una explicación.

690

El vudú sí existe, pero no se trata de magia negra como
dicen los mitos. Surgió en Haití como una mezcla
de diversas religiones africanas con el catolicismo de los
conquistadores franceses del siglo XVIII, pero las actitudes
racistas de los europeos buscaron desacreditarla.

691

La Tierra es golpeada por unos 100 rayos cada segundo.
Esto significa que, en un solo día, hay hasta 8 millones
de rayos en todo el planeta. Bastantes para pensar
que nos vamos a salvar de uno.

692

Todos los místicos hablan de abrir el tercer ojo, pero los reptiles lo han hecho desde hace milenios. Los tuátaras, parecidos a las lagartijas, son una especie que hoy habita en Nueva Zelanda y poseen un órgano visual extra que percibe la luz, los ayuda a regular sus ciclos de sueño y a detectar posibles depredadores.

693

En 1518 se desató en Francia una epidemia que llegó a matar a 15 personas por día. Todo comenzó cuando una mujer llamada Frau Troffea comenzó a bailar. Bailó sin parar por un mes, hasta que su cuerpo no pudo más y murió. Alrededor de 400 personas fueron afectadas por la epidemia de baile y a la fecha no hay una explicación satisfactoria.

694

Se cree que los *e-sports* son un fenómeno reciente, pero no es así. La primera competencia de deportes electrónicos se llevó a cabo el 19 de octubre de 1972, en el Laboratorio de Inteligencia Artificial de la Universidad de Stanford y recibió el título de Olimpiadas Intergalácticas de Guerra Espacial. El ganador se llevó una suscripción gratuita a la revista *Rolling Stone*.

Uno de los dinosaurios más populares es el tiranosaurio rex y su mito dice que si te quedas totalmente quieto, no podría verte y estarías a salvo. Esto es falso. Un investigador determinó que tenían mejor percepción de profundidad que los halcones. También tenían un gran sentido del olfato, así que, aunque no pudieran verte, te encontrarían por el olor. No hay manera de esconderse.

Los hombres lobo no son un mito moderno, existen desde la antigua Grecia. La palabra licántropo, como también se le llama a los hombres lobo, deriva de Licaón, el personaje de una leyenda griega que engañó a Zeus para que este se comiera a uno de sus hijos. Cuando Zeus descubrió la verdad, convirtió a Licaón en un lobo para probar que nadie se mete con el rey del Olimpo. ¡Qué castigo!

No sabemos qué tan grande es el universo en su totalidad, únicamente sabemos que el universo observable mide aproximadamente 93 mil millones de años-luz. Si un año luz equivale a 9.4 billones de kilómetros, imagínate lo gigantesco que es. Pero como su nombre l o indica, eso es solo lo que podemos observar desde la Tierra.

698

Aunque los pulpos no son extraterrestres,
tienen habilidades que parecen de otro mundo. Pueden
adaptarse a cambios en el ambiente con mayor facilidad
que otros animales porque pueden modificar su código
genético a voluntad. Y si uno de los cambios no resulta
útil, ¡pueden revertirlo!

699

**El primer despertador, inventado por Levi Hutchins
en 1787, estaba diseñado para sonar exclusivamente a
las 4 de la madrugada y no podía ajustarse. El despertador
ajustable no sería creado sino hasta 60 años más tarde.**

700

Podrás pensar que los cocodrilos, las lagartijas o las
serpientes son descendientes de los dinosaurios, pero no es
así, los reptiles son una familia diferente a los dinosaurios.
Sus verdaderos descendientes son las aves. El pavo de
Navidad tiene más de dinosaurio que un cocodrilo.

701

La palabra anfibio significa "ambas vidas"
o "en ambos medios", ya que son animales que pueden
vivir en tierra firme, pero necesitan de cuerpos de agua
para sobrevivir y cumplir su ciclo de vida. Entonces sí,
los sapos y ranas son así de versátiles.

702

A menudo los dinosaurios son representados
con piel escamosa, pero esto es falso. Los dinosaurios
son una familia de animales diferente a los reptiles,
que convivió con los antepasados de los reptiles modernos.
El error empieza desde el nombre: la palabra *dinosaurio*
significa "lagarto terrible".

703

El temor de que un avión caiga es muy común
entre los viajeros. Pero en realidad los aviones son muy
resistentes y pueden seguir volando luego de sufrir
grandes daños. Así que puedes subirte con tranquilidad.

704

¿Crees que tu sombra es oscura? Pues en la Tierra,
las sombras no son tan oscuras porque la atmósfera
dispersa la luz por todos lados. Pero como la Luna no
tiene atmósfera, esta dispersión no ocurre, así que la
sombra que tu cuerpo proyectaría sería mucho más oscura.

705

¿A qué huele la Luna? Neil Armstrong, el primer hombre
en la Luna, describió el olor como parecido a ceniza
húmeda, mientras que Buzz Aldrin dijo que era parecido al
fuerte olor de la pólvora quemada. Al menos queso, no es.

En la película *Wall-E* (2008), los robots protagonistas se pasean por el espacio, EVA con autopropulsión y Wall-E con ayuda de un extintor. Gracias a que para toda acción hay una reacción y a que en el espacio no hay partículas de aire que produzcan fricción, el empuje de un extintor bastaría para moverte por el espacio. ¡Qué romántica es la ciencia!

La palabra *computador* no siempre estuvo asociada a máquinas. Cuando se acuñó en 1613, esta palabra se usaba para describir a una persona que se dedicaba a realizar cálculos matemáticos. Justo algo que hoy hacen las computadoras.

Hay un mito que dice que los tiburones tienen que moverse todo el tiempo porque si dejan de hacerlo se asfixian. Lo que es cierto para todos los tiburones es que se hunden si no se mueven porque carecen de un órgano de flotación llamado vejiga natatoria.

Dicen que a los tiburones no les da cáncer, pero esto es un mito. En 2013, un grupo de biólogos marinos descubrió un enorme tumor creciendo en la boca de un gran tiburón blanco y otro en la cabeza de un tiburón cobrizo. Nada afortunado para ellos.

710

Aunque actualmente existe la criogenia (conservación de cuerpos por congelación), es un proceso muy caro al que solo pueden acceder los millonarios y que, además del frío, requiere de muchos químicos. Lamentablemente no es posible que te conserves para el futuro metiéndote al refrigerador.

711

¿Has notado que todos los aviones comerciales son blancos? Tiene que ver con su capacidad térmica, pues el blanco refleja la luz del sol y reduce la temperatura dentro de la cabina, lo que también mantiene bajo el gasto de combustible. Además, la pintura blanca es menos costosa que la de otros colores. Nada tontos, ¿eh?

712

Durante la década de 1990, los robos de auto con violencia en Johannesburgo, la capital de Sudáfrica, alcanzaron tales proporciones que un sujeto llamado Charl Fourie inventó El Desintegrador, un artefacto que podía montarse en los costados de tu coche y se operaba de forma segura desde el interior. ¿Qué era? Un lanzallamas.

713

En 2018 se realizó un estudio que la prensa divulgó
con títulos como "Estudio revela que los pulpos son
extraterrestres". En realidad es solo una malinterpretación
de una investigación que analiza por qué los pulpos son
tan diferentes al resto de los animales, pero que no asegura
que sean de otro planeta. Así se hacen los rumores.

714

Pese a lo que muestra la película *Titanic* (1997)
sobre el barco que se hunde, los pasajeros de tercera clase
no fueron encerrados bajo cubierta para que no ocuparan
lugares en botes salvavidas. De hecho, se les indicó
a los pasajeros de dicha clase que se pusieran sus
salvavidas, pero muchos se negaron por desconfianza,
lo que a fin de cuentas les costó la vida.

715

En la Biblia aparecen historias de plagas y lluvias
misteriosas. Pero hay otras que son reales, como
la registrada en el siglo II antes de Cristo por el filósofo
griego Heráclides Lembus, en la que cayeron tantas ranas
del cielo que las casas y los caminos estaban repletos
de ellas. Lo mismo ocurrió en un pueblo de Serbia
en 2005. Interesante, ¿no?

716

¿Has escuchado que los peces dorados olvidan
todo a los 5 segundos? Pues es un mito. En realidad,
todos los peces tienen muy buena memoria y los peces
dorados pueden recordar cosas durante meses.
Yo no recuerdo ni qué desayuné...

717

Hay un mito en Alemania sobre un incidente que
ocurrió en 1640, cuando el pueblo de Greifswald fue
arrasado por hombres lobo. Los sobrevivientes lograron
contraatacar y expulsarlos de vuelta al bosque. A la
fecha no se sabe qué ocurrió realmente, si fue histeria
colectiva o eran lobos comunes.

718

Seguro has escuchado del lado oscuro de la Luna, pues esto
es un mito. Todas las caras de la Luna reciben luz en algún
momento. Cuando desde la Tierra vemos la luna nueva,
que es la fase en que está totalmente oscura, la mitad
que nunca vemos está totalmente iluminada. Por eso los
científicos más bien lo llaman el lado oculto de la Luna.

719

Es un mito muy popular que a los toros les enoja
ver el color rojo. Pero, en realidad, el color no hace
ninguna diferencia. Los toros embestirán cualquier
cosa que se agite o se mueva frente ellos.

720

En 1767, en la región de Gévaudan, al sur de Francia,
más de 100 personas murieron por los ataques de una jauría
de animales que fueron llamados bestias de Gévaudan.
Jean Chastel, un cazarrecompensas, mató a una criatura
y se detuvieron las muertes. A la fecha no se sabe qué era,
pero en aquella época se decía que eran hombres lobo.

721

Los pulpos tienen 3 corazones y sangre azul. Además,
pueden cambiar su color y su textura para camuflarse
casi a la perfección con su entorno. Por si esto no fuera
lo suficientemente raro, también pueden percibir sabores
con los tentáculos. ¿Quién habrá diseñado a los pulpos?

722

El personaje Pocahontas, de su película homónima,
está inspirado en una mujer llamada Matoaka y aunque
no se casó con John Smith como en la película,
sí se casó más tarde con otro inglés llamado John Rolfe.
Este fue el primer matrimonio entre un europeo
y una nativa americana de la historia.

723

Todos sabemos que los lobos le aúllan a la luna. Y todos
estamos equivocados pues estos animales en realidad lo
hacen para comunicarse entre sí cuando están separados
por grandes distancias. Qué linda forma de comunicarse.

724

El *gamer* profesional más joven del mundo fue un niño
de Nueva York, de nombre Victor de Leon III, conocido
profesionalmente como Lil Poison. ¿Qué edad tenía cuando
comenzó su carrera? 7 años. En 2021 cumplirá 23 años
y ya está retirado de las competencias de videojuegos.
Y yo con 30 años sin saber qué hacer de la vida.

725

Por alguna razón, de 1400 a 1700, las mujeres pelirrojas
eran consideradas brujas de forma automática.
Constantemente eran perseguidas y buscaban en ellas
"la marca del diablo", que podía ser desde una cicatriz
hasta una peca. Esto también es racismo
y discriminación, así que no lo reproduzcas.

726

**En realidad los mosquitos hembras son quienes
pican y consumen sangre, que luego usan para producir
huevecillos. Los mosquitos macho solo se alimentan
de néctar de flores.**

727

Los tiburones no pueden nadar hacia atrás. A diferencia
del resto de los peces, las aletas pectorales de los
tiburones no pueden doblarse hacia arriba, lo que limita su
movimiento hacia adelante. Aunque la verdad no imagino
muchas situaciones donde un tiburón necesite reversa.

728

Muchos piensan que los hongos son plantas, pero no.
Son parte de un reino independiente al reino vegetal
y al animal que recibe el nombre de Fungi. Y aunque
puedan parecer vegetales, en realidad están más
emparentados con los animales.

729

**El aullido de un lobo es tan potente que puede
escucharse de 11 a 16 kilómetros de distancia. Incluso
tienen un tipo de aullido especial que usa cuando
no logran encontrar a su manada.**

730

El Santo Grial, la copa de la que supuestamente
bebió Jesús en la última cena, no es real. Fue un concepto
que se originó hasta la Edad Media. Es santo por virtud
de que Jesús lo usó, pero bajo ese principio, también
sus sandalias serían las Santas Sandalias.

731

Aunque ahora son muy importantes para la exploración
espacial, al inicio los cohetes se inventaron como armas.
Para combatir las invasiones mongolas, los chinos
inventaron una flecha impulsada por pólvora en el siglo
X y XI. Los mongoles describieron esta arma como
"flechas de fuego volador".

732

Seguro sabes que los lobos viven en manadas y que
en cada una hay un macho alfa que gobierna a los demás.
Pues resulta que no es así. En la naturaleza, estos animales
forman grupos de varias familias y los adultos tienen
autoridad sobre sus crías y las guían, pero ninguno
vale más que otro.

733

Seguro conoces a algún presumido que dice que es
el mejor jugador de videojuegos del mundo. Pues bájalo
de su nube hablándole de Billy Mitchell. Este hombre fue
la primera persona en lograr el juego perfecto de *Pac-Man*
en 1999. Por este y otros tantos logros en diferentes juegos
de su época, lo nombraron *gamer* del siglo.

734

Uno de los mitos más populares que existen es
que los osos hibernan durante el invierno. Esto
es un mito. Los osos entran en una versión menos
extrema de hibernación llamada letargo. En este estado,
pueden despertar, comer, asustar a campistas distraídos,
ir al baño y luego volver a dormir.

735

Seguro sabes que el primer hombre en la Luna
fue Neil Armstrong. Pero Edwin "Buzz" Aldrin, el segundo
hombre en llegar a la luna, fue el primero en orinar
en ella. Poco después de poner un pie sobre la superficie
lunar, Buzz orinó dentro de su traje espacial porque
esperar a volver no era opción.

736

Según un mito, el mapa mundial está deformado
porque los países imperialistas querían verse más grandes
que los países colonizados, pero las razones más bien
eran capitalistas: el mapa Mercator, el más común
en todo el mundo, fue diseñado para calcular rutas
comerciales marítimas.

737

En todo el mundo se consumen más de 100 mil millones
de plátanos cada año. Los plátanos no solo son de color
amarillo, también existen variantes verdes, moradas
y hasta rojas.

738

¿Los pulpos pueden ver con la piel? Aunque suene a mito,
es verdad. Su piel tiene proteínas sensibles a la luz,
lo que significa que pueden percibir y responder a ella
sin información de los ojos o el cerebro.

Algo cierto es que a los osos les encanta tanto la miel que la toman directamente de las colmenas de abeja y no les importa ser picados cientos de veces. También se comen las abejas, sus larvas y la cera con que está hecha la colmena porque son buena fuente de proteína.

 **740**

Uno de los mayores problemas ambientales en la actualidad es el plástico. Lo que pocos saben es que los hongos podrían ser nuestros héroes. En 2011 se descubrió en Ecuador uno capaz de descomponer el plástico en cuestión de semanas. ¡Eso sería un gran alivio para el planeta!

 **741**

Que los gatos ronronean no es un mito, pero por lo general creemos que lo hacen cuando están relajados y muy cómodos. En realidad, también ronronean por otras razones, como cuando tienen hambre, se sienten estresados o se recuperan de una herida.

 **742**

Puede que suene a mito, pero es cierto. Esos jeans deslavados que tanto quieres los hizo un hongo. Su nombre científico es *Trichoderma reesei* y produce enzimas que descomponen las fibras de algodón de la mezclilla y las hacen más suaves y blanquecinas.

Si te gusta la velocidad, deberías considerar se policía en Dubái. La policía de esta ciudad cuenta con 14 superautos, que incluyen varios Audi R8 y Lamborghini Aventador, autos deportivos de lujo. La joya de la gorra de policía es el Bugatti Veyron, que puede alcanzar los 407 kilómetros por hora. Nada mal para una persecución.

Se cree que lo único que mata a los hombres lobo son las balas de plata, pero esto es un mito dentro de un mito (¡Mitception!). Originalmente, el elemento que se sugería para hacer balas mata-hombres-lobo era el azogue, la forma líquida del mercurio. Los alquimistas de la antigüedad se confundieron y creían que el azogue era la forma líquida de la plata, pero no.

Aunque los estadounidenses fueron los primeros en llegar a la Luna, los primeros en alcanzar el espacio fueron los rusos. El primer hombre fuera de la Tierra fue Yuri Gagarin el 12 de abril de 1961 a bordo de la cápsula Vostok 1. La primera mujer en llegar al espacio fue Valentina Tereshkova, quien alcanzó el espacio el 16 de junio de 1963 a bordo de la cápsula Vostok 6.

 **746**

La memoria de los elefantes es legendaria. Y el mito en general es verdad. Los elefantes son capaces de formar y recordar mapas mentales de todo su territorio y jamás olvidar a su familia aunque se separen de ella. ¡Qué entrañables animales!

 **747**

Algo que no es un mito es que el ejército sí se ha beneficiado de los videojuegos. En 2010, la Fuerza Aérea de Estados Unidos creó una supercomputadora llamada Condor Cluster, hecha con más de 1700 consolas de PlayStation 3. Según ellos, la eligieron porque eran una opción más barata que comprar procesadores especiales.

 **748**

Solemos pensar que el mejor alimento para un gato es la leche, pero no es tan cierto. Si luego de beberla a tu gato le da diarrea, vomita o lo notas menos feliz, lo mejor es que no la tome. Más vale tener un recipiente con agua para que no se hidraten.

 **749**

Según se cree, te puedes convertir en hombre lobo si eres mordido por uno. Lo que no muchos saben es que también puedes adquirir licantropía si bebes agua de la huella de un hombre lobo. ¿De dónde sacarán tantas ocurrencias los que inventan mitos?

750

¿Los elefantes beben agua por sus trompas?
No, no funcionan como sorbetes o popotes porque
en realidad es su nariz. Imagina lo incómodo y peligroso
que es tomar agua por ahí. Lo que sí puede hacer es retener
hasta 15 litros de agua, misma que luego verterán
directo en su boca.

751

Más que un mito es un temor compartido por muchos.
¿Es posible que los robots se rebelen contra nosotros?
Por sí mismos no tienen capacidad de razonamiento y
solo pueden hacer aquello para lo que están programados,
pero la tecnología avanza a pasos agigantados y los
robots son cada vez más complejos y autónomos.
Nunca digas nunca, como dicen.

752

El primer choque de un vehículo autopropulsado
fue registrado en Francia en 1771. Nicolas-Joseph Cugnot
perdió el control de su triciclo a vapor y lo chocó contra
un muro. El vehículo dañado fue preservado y aún
puede verse en el Conservatorio Nacional de Artes
y Oficios, en París, Francia. Nuestro amigo Nico
también fue el primer mal conductor.

753

¿Sabías que los elefantes no pueden saltar? Los huesos en sus patas se ubican de tal modo que es imposible para ellos flexionarlas y empujar, movimientos fundamentales para dar un salto. Considerando que un elefante puede pesar hasta 4 toneladas, quizá sea lo mejor.

754

En la creencia haitiana del vudú, la zombificación es una metáfora para la esclavitud. El vudú fue creado por esclavos africanos llevados a Haití por los conquistadores franceses. Volver de entre los muertos solo para ser un esclavo les resulta aterrador.

755

En el mito de Hércules, Hades solo participa fue cuando este le pidió prestado a Cerbero, el perro de 3 cabezas y guardián del inframundo, como parte de una serie de tareas especiales para convertirse en héroe. La única condición que puso Hades fue que no lastimaran a su mascota. ¡Qué buen dueño!

756

Los zorrillos no apestan todo el tiempo. Tienen glándulas en el trasero que disparan una sustancia de fuerte olor, como defensa en caso de que los ataque un depredador. Además, procuran utilizarla como último recurso porque les puede tomar días recargarlas.

757

Puedes aprender mucho de los videojuegos. Por ejemplo,
en *Bloodborne*, una ciudad es atacada por bestias similares
a hombres lobo. Uno de los artículos con los que te puedes
defender de sus ataques son balas de azogue que, de acuerdo
con el mito original, es lo que debes usar para las balas
que matan hombres lobo y no la plata, como muchos
creen. Punto para los videojuegos.

758

En realidad no sabemos con certeza el origen del helado.
Hay registros de que los antiguos romanos inventaron
algo similar a los raspados. Otros dicen que los chinos
ya mezclaban los mismos ingredientes desde mucho antes.
En la corte de Alejandro Magno, se enterraban ánforas
con frutas y miel para conservarlas mejor y servirlas
heladas. Al menos a alguien se le ocurrió.

759

Los chocolates son buenos contra las caries.
Investigadores de la Universidad de Tulane han descubierto
que contiene proteínas, calcio y fosfato que pueden ayudar
a proteger el esmalte. Sus grasas naturales ayudan a
limpiarlo. De cualquier forma, no sustituye al cepillado,
pero es una buena noticia.

760

Suena a mito ¡pero es verdad! Las vacas pueden
subir escaleras, pero no bajarlas. Esto se debe a que
las escaleras están diseñadas para las piernas humanas
y los cuerpos de las vacas no contemplan descender
por pendientes tan inclinadas.

761

**Los piratas, aunque violentos, estaban al tanto de los
peligros de la batalla para la tripulación. Además, existía
el riesgo de que un ataque dañara el botín o que este se fuera
al fondo del mar junto con el barco que lo transportaba.
Por eso muchas veces preferían hablar antes de atacar.**

762

No todos los polluelos en el piso necesitan ayuda.
Es común encontrarlos fuera de su nido porque están
aprendiendo a volar y caer es parte del proceso. Lo más
seguro es que sus padres estén cerca supervisándolo. Los
polluelos pueden arreglárselas solos para volver a su nido.

763

Como el rasgo más distintivo de las jirafas es su cuello
tan largo, es natural que pensemos que debe tener muchos
huesos, ¿no? Pues resulta que no. Las jirafas tienen en
el cuello el mismo número de vértebras que tú: 7. La
diferencia es que cada una mide 25 centímetros de largo.

764

En las películas una persona puede caer desde un quinto piso a una piscina y salir sin un rasguño. En la vida real tendrías al menos alguna fractura. Entre más altura haya en una caída, mayor será la velocidad del cuerpo y el agua se comportará de forma similar a un cuerpo sólido.

765

No todo en la *deep web* es un nido despreciable de villanía, pues también es posible encontrar páginas como clubes de ajedrez y redes sociales como Black Book, que se promociona como "el Facebook de la *deep web*". Bueno, primero hay que encontrarlo.

766

Se dice que si cortas una lombriz a la mitad, cada parte se volverá una completa. Pero este mito es cierto a medias. Las lombrices tienen cabeza y cola, por lo que en una situación así solo la mitad con cabeza puede regenerar el resto del cuerpo.

767

Un mito raro relacionado a los pelirrojos proviene de los antiguos griegos, quienes creían que cuando un pelirrojo moría, se convertía en un vampiro. ¿Por qué creían esto? Pues... porque sí. La falta de motivos no los detuvo a la hora de inventar rumores.

768

Los vuelos hacia el este son mucho más rápidos
que los vuelos hacia el oeste. Este fenómeno es causado
por los fuertes vientos que soplan a 500 kilómetros
por hora a gran altitud. El planeta rota de oeste a este, por
lo que un avión que se mueve en la misma dirección
puede usar estos vientos para ir más rápido,
pero no así en la dirección contraria.

769

¿Alguna vez te han dicho que no toques a un polluelo
caído de su nido porque el olor humano se le impregnará
y su mamá ya no lo querrá? Esto es falso. En realidad,
las personas pueden tomar a la cría, depositarla de vuelta
en su nido y su mamá ave lo tratará con el mismo cariño
de siempre. Sin embargo, el mito existe para que nadie
lastime a un animal vulnerable.

770

¿Es cierto que los búhos pueden girar la cabeza
completamente? No, pero casi. Como los búhos cazan
de noche, sus ojos tienen un diseño de tubo que absorbe
más luz y les permite ver mejor, pero esta forma no les
permite girarlos. Para resolverlo, los búhos cuentan
con cuellos muy flexibles que pueden rotar 270 grados.
Un giro completo tiene 360 grados, imagínate.

Dos tercios de las neuronas de los pulpos se encuentran en sus tentáculos, por lo que prácticamente cada uno de sus brazos tiene mente propia y puede reaccionar de forma independiente a estímulos externos, incluso después de separarse del cuerpo.

Se piensa que las serpientes de cascabel siempre hacen ruido antes de atacar. En realidad, estos reptiles suelen agitar su cascabel como método para advertir a sus depredadores que no se acerquen y para que no las pisen los animales despistados. Cuando atacan, no cascabelean.

El primer juego 3D exitoso fue lanzado en 1981 y se llamaba Battlezone, un juego donde podías manejar tanques en medio de una guerra. Al parecer era tan bueno, que el ejército de Estados Unidos lo utilizó para entrenar a los artilleros de tanques reales.

¿Qué es lo más grande que existe dentro del universo? Se trata de la Gran Muralla de Hércules-Corona Boreal, descubierta en noviembre de 2013. Es un filamento galáctico, un enorme grupo de galaxias que se mantienen muy juntas por la gravedad. Tiene 10 mil millones de años luz de longitud.

 **775**

Cuando la ferroviaria inglesa Stockton-Darlington comenzó a operar en 1825, la gente creía que el cuerpo humano no soportaría la velocidad de 50 kilómetros por hora. Aunque ahora parezca risible, antes del tren nada había alcanzado esa velocidad y la gente de verdad temía que sus cuerpos se derritieran al ir tan rápido.

 **776**

¿Es cierto que las abejas se mueren luego de picar? Sí, pero solo es cierto para las que producen miel. Esta especie tiene aguijones largos con forma de sierra y cuando te pican se atoran en la piel. Una vez que la abeja se va, buena parte de su abdomen y órganos vitales se quedan atrás, por lo que muere a los pocos minutos.

 **777**

La primera imprenta con éxito comercial comenzó a operar en 1458. Un prominente monje llamado Tritemio de Sponheim escribió en 1492 que los libros impresos nunca serían iguales a los códices a mano porque, según él, los escribanos hacían su trabajo con mayor dedicación. La vida da muchas vueltas, ¿no crees?

 **778**

Los dinosaurios son muy antiguos, pero ¿sabes quién les gana en antigüedad? Los hongos. En Rusia se han encontrado fósiles de hongos de hace 547 millones de años.

779

Tus gases huelen más feo dependiendo de lo que comas.
Alimentos como los huevos y la carne se descomponen
en el estómago y liberan sulfuro de hidrógeno,
causante del mal olor.

780

Contrario a lo que se piensa, la palabra *androide*
no es sinónimo de robot. Un androide es un robot que
ha sido diseñado con apariencia masculina. Esto quiere
decir que un robot de apariencia femenina es *ginoide*.
Siempre podemos aprender algo nuevo.

781

Aunque los azúcares en el jugo de naranja son naturales,
su nivel sigue siendo alto y beberlo en ayunas puede
incrementar los niveles de glucosa en tu sangre. En el
desayuno procura empezar por los alimentos sólidos
y más adelante te tomas tu jugo.

782

¿Es verdad que puedes saber la edad de una serpiente
de cascabel contando el número de segmentos de su cola?
No precisamente. Con cada muda se agrega un segmento
nuevo al cascabel, por eso puedes saber si una es vieja
o joven. Pero no es un método infalible porque pueden
mudar más de una vez al año e, incluso, pueden perder
el cascabel y empezar de cero.

783

Una de las imágenes más populares de la India son los encantadores de serpientes. Aunque no las hipnotizan, lo que hacen los "encantadores" es agitar su flauta frente a ellas para que se sientan amenazadas y se concentren en el instrumento, listas a atacar si se les acerca demasiado.

784

Hasta donde sabemos, los quarks son lo más pequeño que existe en el universo, un tipo de partículas subatómicas que no hemos podido dividir en componentes más pequeños. De hecho son tan pequeños que los científicos ni siquiera están seguros de que tengan tamaño.
Así de raro es el mundo subatómico.

785

Sócrates, uno de los filósofos griegos más famosos, dijo alguna vez que la invención de la escritura produciría falta de memoria y la apariencia de sabiduría. Su estudiante más famoso, Platón, tuvo la osadía de escribir en un pergamino que estaba de acuerdo y que la escritura era un paso hacia atrás en la historia humana. Oh, la ironía.

786

La palabra robot viene del checo *robota*, que significa "trabajo duro", "obrero" y... "esclavo". Con ese nombre, no es de sorprender que una rebelión siempre esté en nuestras mentes.

787

Seguro sabías que los camaleones cambian de color
para camuflarse, ¿verdad? Pues es cierto, pero no es su
única función pues también cambian para comunicarse.
Los colores del camaleón reflejan su estado de ánimo,
de esa forma otros camaleones pueden saber si está feliz
y es seguro acercarse o si están enojados y es mejor
dejarlos en paz.

788

En realidad, los primeros coches producidos eran
dirigidos mediante una manivela llamada timón,
por lo que era muy difícil para los conductores saber cómo
virar. En 1894, un tal Alfred Vacheron participó
en una carrera con un coche al que le había instalado
una rueda para facilitar el viraje. Esta fue la primera vez
que el volante fue utilizado, gracias al cielo.

789

La radioactividad tiene muchos mitos alrededor de ella.
El más popular es que mata todo lo que toca, pero
esto resulta no ser tan cierto. En la planta nuclear de
Chernóbil, donde en 1986 ocurrió el desastre nuclear
más grande de la historia, se encontró un hongo que
se alimenta de radioactividad. Tal descubrimiento
podría ayudar a limpiar zonas de desastre nuclear
como Chernóbil o Fukushima.

790

¿Por qué el refresco se llama Coca-Cola? Cuando fue creada en 1886, contenía una cantidad minúscula de extracto de hoja de coca, pero este ingrediente dejó de usarse en el refresco desde 1929, aunque lo conservó en su nombre.

791

El récord de mayor velocidad alcanzada por un humano lo comparten los astronautas de la misión Apolo 10. En su vuelo de regreso a la Tierra, en 1969, alcanzaron una velocidad de 39897 kilómetros por hora.

792

Aunque creas que sabemos mucho sobre los hongos, apenas conocemos la superficie. Se estima que existen 3.8 millones de especies de hongos en el mundo, de las cuales más del 90 % nos son desconocidas.

793

A veces pensamos que el caparazón de las tortugas es como un tanque de guerra en el que se pueden refugiar para no ser dañadas, pero no es así. El caparazón es parte integral de su cuerpo y también siente a través de su caparazón. Así que no las dañemos pensando que no sienten.

794

Existe una rara enfermedad llamada porfiria, que produce una sensibilidad extrema a la luz, por lo que la piel de los enfermos sufre quemaduras graves con tan solo exponerse un poco al sol. Además, aparecen manchones rojos en los dientes y, con el tiempo, los pacientes pueden enloquecer. Es una lástima perderse del sol.

795

En 1877, el periódico estadounidense *The New York Times* escribió un feroz ataque contra el recién inventado teléfono porque, según ellos, era una invasión a la privacidad. Uno de los autores escribió: "Pronto no seremos más que jalea transparente". Con todo lo que hoy publican las personas en redes sociales, no estaban tan equivocados.

796

Parece mito, pero los primeros modelos de celulares eran gigantescos. El primer celular fue inventado por Motorola en 1973. Pesaba casi un kilo. No contaba con pantalla y se parecía más a un teléfono fijo convencional. También eran poco útiles: solo ofrecían 30 minutos de funcionamiento y debían cargarse durante 10 horas. Sí que la tecnología ha avanzado.

797

Que las pirañas sean voraces es un mito. Aunque las pirañas tienen una apariencia temible y dientes muy puntiagudos, en realidad son peces muy tímidos y no son agresivos. Las pirañas suelen alimentarse de otros peces, insectos y hasta plantas.

798

En México existen unos insectos llamados tijerillas porque se dice que se meten a los oídos, te cortan los tímpanos con sus pinzas enormes y te llenan la cabeza de huevecillos. Todo es un mito extendido porque a estos insectos les gusta vivir en lugares húmedos y oscuros. Pero nosotros no tenemos nada que temer.

799

¿Tus papás te regañan porque dicen que duermes demasiado? Diles que es un mito y que todo es relativo. Los caracoles necesitan humedad para sobrevivir y, si el ambiente no es propicio, son capaces de dormir durante 3 años seguidos hasta que las condiciones sean apropiadas.

800

¿Hay algo que valga más que el oro? Pues en el siglo XVII sí lo había: se trataba de una flor. Aunque parezca mito, durante ese siglo los tulipanes fueron introducidos en Holanda, donde eran tan valiosos que llegaron a costar más que el oro.

801

Las vacunas además de prevenir que te contagies de virus o bacterias, también sirven para controlar una infección ya presente en el cuerpo. Este tipo de vacuna es llamada terapéutica.

802

Aunque los astronautas sí pusieron una bandera de Estados Unidos en la superficie lunar, lo más probable es que ya no exista. La Luna no tiene una atmósfera que la proteja de los rayos del sol. Lo más seguro es que la luz ultravioleta haya desvanecido los colores y la tela sea blanca y quebradiza.

803

Los pulpos pertenecen a la familia de los cefalópodos, junto a los calamares, las sepias y los nautilos. La palabra *cefalópodo* proviene del latín y significa "pies en la cabeza". Qué cuerpo más compacto: donde está una cosa, está la otra.

804

¿Sabías que los humanos no fuimos los primeros en el espacio? El 20 de febrero de 1947, un grupo de moscas fue enviado al espacio a bordo de un cohete V-2 que los estadounidenses confiscaron a los nazis tras su derrota en la Segunda Guerra Mundial. Todo un orgullo para las moscas del mundo.

En realidad, los camellos pueden sobrevivir sin agua más
tiempo que otros animales porque sus células sanguíneas
son ovaladas y no redondas, por lo que sus organismos
usan el agua que consumen de forma más eficiente.
Sus jorobas son cúmulos de grasa que les aportan energía
equivalente a tres semanas de comida.

Aunque pertenecen a la misma familia y popularmente se
les llama igual, los camellos de 1 y 2 jorobas son animales
diferentes. Los de 2 jorobas reciben el nombre de camellos
bactrianos, mientras que los de 1 se llaman dromedarios.

Hay un dicho popular que reza: "No se le pueden enseñar
nuevos trucos a un perro viejo", pero esto es falso. Aunque
un perro ya esté en la vejez, es posible entrenarlo con
solo 15 minutos de práctica al día durante dos semanas
seguidas. Ojalá con las personas fuera igual de sencillo.

Quizá pienses que tu celular es lento por tener 3 años,
pero es una maravilla tecnológica. Los smartphones
modernos tienen cerca de 8 gigabytes de memoria: un
millón de veces más que las computadoras de la misión
Apolo 11 que llevaron a los humanos a la luna. Y pensar
que nosotros solo los usamos para ver YouTube.

809

"Si un perro mueve la cola quiere decir que está feliz y no te atacará", esto no es del todo cierto. Para saber si un perro quiere atacarte o no, es mejor ver otros indicadores, como su postura, la posición de sus orejas, su mirada y si gruñe o ladra. Recuerda que el meneo de cola también puede significar que está nervioso.

810

El primer avistamiento de ovnis de la historia reciente ocurrió en Estados Unidos el 24 de junio de 1947, cuando el piloto de aviones privado Kenneth Arnold afirmó que vio una fila de 9 objetos voladores brillantes no identificados en el estado de Washington. Este avistamiento dio origen al término "platillo volador", pues los objetos tenían forma de plato.

811

Aunque últimamente han sido modernizados, los vampiros son muy antiguos. Se encuentran en las mitologías sumeria y babilónica, que datan del 4000 antes de Cristo. Recibían el nombre de *ekimmu* o *edimmu* y se trataba del alma de un difunto que no había sido enterrado correctamente, por lo que volvía como demonio vengativo y le chupaba el alma a los vivos.

812

No todos los animales deben tener cerebro.
Las estrellas de mar, las medusas, las sanguijuelas,
las lombrices y las esponjas de mar carecen de cerebro
y, aun así, sobreviven a la perfección desde hace
muchos años.

813

¿Te han dicho que la mejor forma de prevenir
o quitarle las pulgas a tu perro es darle ajo? ¡No les creas!
Estudios científicos han comprobado que puede ser tóxico.
Además, si come demasiados, puede causar anemia.
Mejor acude con un veterinario para que te recomiende
un buen producto que no le haga daño.

814

Durante el siglo XIX, los pobladores de Nueva Inglaterra,
Estados Unidos, creían que la tuberculosis era contagiada
por vampiros. El temor era tanto que hasta desenterraban
a las víctimas de tuberculosis para enterrarles estacas
en el corazón y evitar que se transformaran.
Suena un poco exagerado, ¿no crees?

815

El Dr. Michael Levitt, experto en flatulencias, descubrió
que los gases que producen las mujeres son más apestosos
que los de los hombres. Esto se debe a que producen
mayores concentraciones de sulfuro de hidrógeno.

Los teléfonos celulares son una fuente casi inagotable de mitos. Uno de los más populares es que producen cáncer. La radiación peligrosa que puede causar cáncer se conoce como radiación ionizante y ningún *smartphone* emite este tipo de radiación.

Algunas historias de terror dicen que si tomamos mucha Coca-Cola nuestros dientes se disolverán como azúcar en agua. Aunque es cierto que los ácidos del refresco de cola disuelven un diente si lo sumerges, se necesita de mucho tiempo. Sin embargo, es un hecho que el azúcar sí puede causar caries, así que no olvides cepillarlos.

En cuanto a mitos sobre pelirrojos, hay muchas contradicciones. Por ejemplo, según un mito, los pelirrojos no tienen alma, pero de acuerdo con otro mito, los pelirrojos pueden robarse las almas de los demás. Entonces, ¿cuál es verdad? Hay que ponerse de acuerdo antes de inventar mitos.

¿Es posible iniciar un incendio por culpa del celular en la gasolinera? Aunque en teoría es posible, bajo circunstancias normales es altamente improbable y no hay registros confiables de que haya sucedido alguna vez.

820

Actualmente, la Unión Europea debate leyes sobre
la implementación de un sistema de apagado remoto
de emergencia que deberá ser instalado en todos
los robots. Además, se requerirá que todos los robots
sean programados de tal modo que nunca dañen
a un humano intencionalmente.

821

En algunas localidades de Estados Unidos y Canadá
acostumbran saber si el frío se prolongará observando
a las marmotas. Estas se preparan para 6 semanas de
letargo invernal y, si cuando salen de su madriguera hay
poca luz y hace mucho frío, regresan a sus madrigueras
a dormir otro rato.

822

Quizá pienses que la ballena azul es grande, pero
son unos enanos en comparación al verdadero gigante
de la naturaleza. El organismo viviente individual más
grande del planeta es un hongo parásito, llamado hongo
de miel, que se encuentra en Oregón, Estados Unidos.
Mide ¡3.8 kilómetros cuadrados! También es el ser
más viejo del planeta. ¿Su edad? 2 400 años.

823

Casi todo el entrenamiento de un sobrecargo está relacionado a las situaciones que esperan no tener que enfrentar nunca: se les enseña a combatir incendios, tratar emergencias médicas, evacuar un avión en tiempo récord. Incluso cuentan con esposas plásticas para usarlas en caso de que alguien se salga de control durante un vuelo.

824

Lamentablemente el chocolate es tóxico para los perros y gatos. Aunque depende mucho del tipo y la cantidad que coman, así como del tamaño de nuestra mascota, el chocolate contiene sustancias que perros y gatos procesan muy lento, por lo que se vuelven tóxicas para ellos.

825

Aunque parece de película, un enorme asteroide podría acabar con todo sin que lo detectemos con antelación. En enero de 2017, un asteroide de 30 metros llamado AG13 pasó a menos de 1/5 de la distancia entre la Tierra y la Luna y solo lo detectaron dos días antes de que nos pasara a un lado.

826

La araña más grande del mundo es la tarántula Goliat, pues llega a medir 30 centímetros entre los extremos de sus patas extendidas. Esto es más que una mano de adulto, además, pueden pesar hasta 155 gramos.

827

Se piensa que la evolución de los pulpos siguió
un camino aislado (o que vienen de otro planeta,
según científicos locos y reporteros perezosos) porque
en su código genético hay cientos de genes que no se
encuentran en ninguna otra especie del planeta, animal
o vegetal. Los biólogos aún no logran explicar esto.

828

Por su creencias, los amish, un grupo etnoreligioso
protestante, rechazan la tecnología relacionada
a la electricidad. Pese a esto, han aceptado otras que
los ayudan en su vida diaria. Existen computadoras
diseñadas especialmente para ellos que solo tienen
procesadores de texto, dibujo y contabilidad.

829

En 2018, un meteoro de 10 metros de diámetro explotó
sobre el mar de Bering, en Alaska. Aunque relativamente
pequeño, tenía una masa de 1400 toneladas y generó
una energía de impacto equivalente a 10 bombas atómicas
como la que fue lanzada en Hiroshima en 1945. La buena
noticia es que estalló en el cielo; la mala es que nadie
se enteró de su existencia hasta que explotó.

Hay un mito que dice que, si te pica una medusa,
debes orinar sobre la herida para que deje de doler.
Aunque no se sabe de dónde surgió esa idea. En realidad,
lo mejor para reducir el ardor de una picadura de medusa
es echar vinagre sobre la picadura.

Un agujero negro no es un agujero ni es negro.
Se trata de un cuerpo con gran masa pero está compactada
a un volumen tan pequeño que se forma un campo
gravitacional muy poderoso que hasta la luz queda
atrapada en ellos, por eso parecen ser negros.
Simplemente no sabemos cómo lucen por dentro.

**De las liebres antes se creía que solo los machos tiraban
golpes durante la época de reproducción. Pero ahora
se sabe que si las hembras no están preparadas para
aparearse, aplican un gancho al hígado a los machos
que no entienden.**

Otro mito más de Hércules es su nombre, ya que este es
romano. Los griegos no lo hubieran llamado de esta forma
ya que en la época en que se escribieron los mitos griegos,
ni siquiera existían los romanos. Los griegos lo conocían
como Héracles, que significa "gloria de Hera".

834

Aunque muchos piensan que la primera película sobre vampiros es la cinta muda *Nosferatu* (1922), hubo una película todavía más antigua sobre estos seres de la noche: *Secretos de la casa número 5*, que fue estrenada en 1912, 10 años antes. Pero la cinta no sobrevivió y todas las copias que había fueron destruidas o desaparecieron.

835

Durante la cuarentena de la peste bubónica, entre sus 23 y 24 años de edad, Isaac Newton tenía mucho tiempo libre y decidió inventar el cálculo integral y diferencial, formuló la teoría de la gravedad y experimentó con prismas para averiguar cómo funciona la luz. Yo en la pandemia solo jugué videojuegos.

836

Quizá la historia más famosa de un barco fantasma real sea la del Mary Celeste, que en 1872 fue encontrado a la deriva, sin ningún daño, con las velas izadas, las pertenencias de la tripulación intactas y un cargamento de más de 1 500 barriles de alcohol sin tocar. Lo único que faltaba era el bote salvavidas, la bitácora del capitán y, lo más importante, toda la tripulación. A la fecha no existe una explicación concreta para la desaparición de la tripulación.

¡Qué bonitos son los mapaches! ¿Sabías que estos animales tan curiosos son nativos de América? Su nombre en español deriva de la palabra náhuatl *mapach,* que significa "que tiene manos", mientras que su nombre en inglés, *raccoon,* proviene del algonquino *ärähkun,* que significa "el que se rasca con las manos" o "manos que rascan".

La icónica imagen de que Newton descubrió la gravedad cuando le cayó una manzana en la cabeza es un mito. Según su biógrafo, mientras Isaac Newton contemplaba su jardín, vio caer una manzana a lo lejos y eso lo inspiró a investigar las leyes que regían ese fenómeno. ¡Qué ganas de que hubiera un golpe en la historia!

Existen rumores de que los pilotos y los copilotos de un mismo vuelo comen siempre platillos distintos. Pues los rumores son ciertos. Aunque no es parte del reglamento, muchas aerolíneas recomiendan que las comidas no sean iguales. Pues, en caso de que alguno se intoxique con los alimentos, el otro seguirá disponible para hacerse cargo del avión.

840

La compañía que menos autos produce al día es Ferrari,
con apenas 14 coches por día. Esa es la única razón
por la que no tengo un Ferrari: hacen tan poquitos
que siempre me los ganan en la tienda.

841

Cuando el teléfono comenzó a popularizarse, no fue muy
bien recibido. Los más extremos fueron los sacerdotes
de Suecia, quienes saboteaban las líneas telefónicas y se
robaban los cables porque decían que era un instrumento
del diablo que servían de conducto de espíritus malvados.
¿Los espíritus preferirán hoy el wifi?

842

Las "lágrimas de cocodrilo" sirven para describir cuando
alguien finge sentirse mal ante una desgracia. Esta frase
popular tiene mucho de verdad. Pues los cocodrilos
no tienen el desarrollo cerebral para sentir emociones
complejas, como la tristeza.

843

Los mitos de vampiros son tan viejos como el antiguo
Egipto. De acuerdo con *El libro de los muertos*, una guía
sobre lo que nos aguarda en la siguiente vida, si el *ka* (una
de las 5 partes del alma) no recibe ofrendas apropiadas, sale
de su tumba para alimentarse de la sangre de los vivos.
Como si no fuera ya bastante difícil vivir en el desierto.

844

Las supersticiones son mitos poderosos. El número 13 siempre ha estado relacionado con la mala suerte y los aviones carecen de fila 13 porque muchos pasajeros se negaban a sentarse en ella. Los números simplemente saltan del 12 al 14. En Italia, el número de mala suerte es el 17, en ese país no hay fila 17.

845

Las zarigüeyas no son ratas gigantes y no representan un peligro para los humanos, como mucha gente cree. Estos animales pertenecen a la familia de los marsupiales, no de los roedores. Cuando se sienten amenazadas, sisean, se erizan y enseñan los dientes, pero esto es solo un acto: si la amenaza no desaparece, huyen.

846

Los cuernos no necesariamente son huesos. Los de los rinocerontes están hechos de queratina, el mismo material que tus uñas y tu cabello. Algunos rinocerontes llegan a perder su cuerno y tiempo después les vuelve a crecer.

847

Los koalas también tienen huellas digitales y sus patrones de líneas, surcos y curvas son tan parecidos a los de los humanos que incluso cuando un experto forense las analiza bajo el microscopio, le resulta imposible distinguir una de otra. Así que podrían ser acusados de un delito.

848

Cuando vas en un auto y le bajas a la música
para ubicarte mejor no estás haciendo algo ridículo.
Nuestro cerebro tiene recursos de atención limitados
que comparten todos los sentidos. El ruido hace que
la gente no registre apropiadamente lo demás, así que sí,
esta técnica sí funciona.

849

¿Dónde está el centro del universo? En ningún lado
y en todas partes. El universo se está expandiendo.
Todo se está separando de todo, incluso las partículas
de los átomos de tu cuerpo. Esto significa que donde quiera
que te encuentres, parecerá que ese punto es el centro
del universo. Complejo, ¿no?

850

En promedio, un átomo es apenas 10% materia,
con un núcleo diminuto de neutrones, protones
y electrones que se mueven a su alrededor como un
enjambre de abejas hiperactivas. El otro 90% es espacio
vacío entre el núcleo y el enjambre. Esto quiere decir
que solo 10% de lo que somos es materia. El otro 90%
es nada. Vaya confusión existencial.

851

Hay gusanos que se regeneran más rápido que las lombrices: las planarias. Estas son un tipo de gusanos planos con habilidades regenerativas impresionantes. Si los cortas a lo largo o a lo ancho, en dos o en cien, todos los trozos se regenerarán y terminarás con varios gusanos.

852

Aunque Newton desarrolló los cálculos matemáticos para establecer una teoría de la gravedad, no fue él quien la descubrió. En el siglo V, un académico llamado Aryabhata y, posteriormente, un matemático y astrónomo del siglo VII de nombre Brahmagupta, ambos de India, realizaron observaciones y experimentos en los que concluían acertadamente que todos los objetos eran atraídos al centro de la Tierra.

853

El mito de los zombis se origina del folclor vudú haitiano. Según las creencias vudú, un zombi es un cuerpo resucitado mediante hechizos especiales, carecen de voluntad propia y solo obedecen al brujo que los haya resucitado, obligados a cumplir hasta las órdenes más crueles y violentas.

Ver una zarigüeya colgando de su cola es una imagen muy popular en caricaturas y películas. Pero en realidad sus colas sirven para equilibrarse o para aferrarse a una rama mientras intentan agarrarse a otra, pero no sirven para colgar de ellas porque su cuerpo es demasiado pesado.

Al temor a las arañas lo llamamos aracnofobia y es una de las fobias más comunes. Afecta del 3.5 % al 6.1 % de la población mundial. Por eso si la tienes, no hay nada de qué preocuparte, le pasa a muchas personas.

En los países donde se habla inglés existe el siguiente dicho: "Estar loco como una liebre de marzo". Las liebres por lo general son tímidas y muy tranquilas, pero cuando buscan pareja (algo que en Europa suelen hacer durante marzo), parecen violentas y tiran golpes como peleadores de box. Ahora ya sabes a qué se refiere.

Cuando una zarigüeya es atacada o sorprendida, todo su cuerpo pierde rigidez, se les sale la lengua, orinan y se quedan con la mirada perdida. A esta condición se le llama estado catatónico y es un acto totalmente involuntario que usan como método de supervivencia. No es que "se hagan las muertas", simplemente les sucede.

858

La gente piensa que la expresión "ojo por ojo, diente
por diente" expresa venganza; en realidad, significa
justicia. Un rey hebreo llamado Salomón decía "ojo por
ojo", cuando un victimario debía entregar a una víctima
una suma, ya fuera de dinero o de objetos de igual valor
a lo que le hubiera despojado.

859

Otra de las razones por las que los insectos jamás
podrán ser gigantes es porque cambian de
exoesqueleto cuando crecen. Es decir, en lugar de
huesos, su cuerpo está recubierto de capas de distintas
sustancias y en esa metamorfosis gastan mucha
energía, ¡imagina si fueran enormes!

860

La verdad es que la Luna se aleja de la Tierra
3.8 centímetros por año. Es probable que en 50 mil
millones de años, esta se libere de la atracción de la Tierra.
Pero 5 mil millones de años antes de que eso pase,
el Sol se expandirá hasta la órbita de Marte. Calma,
para ese entonces ya no estaremos aquí.

861

Los apretones de manos aunque son muy antiguos,
dejaron de ser comunes en cierta época. Se tiene
registro de esto en un mural asirio, en la antigua región
del norte de Mesopotamia, en el siglo IX antes de Cristo.
Los griegos siguieron esta tradición 4 siglos después,
pero se perdió más tarde. Hoy, con la pandemia,
los estamos perdiendo de nuevo.

862

**Quizá te han dicho que si dejas en paz a los insectos, los
insectos te dejarán en paz. No siempre es cierto. Muchas
especies de avispas sociales, como las avispas chaqueta
amarilla, son conocidas por tener problemas de conducta
y picar sin razón o porque estás manejando carne.**

863

Las erupciones volcánicas son muy peligrosas,
pero a veces no imaginamos cuánto. En 1783, el sistema
volcánico Laki, al sur de Islandia, hizo erupción durante
8 meses seguidos, liberando 14.7 kilómetros cúbicos de lava
basáltica. Los efectos de este evento causaron la muerte
del 80% de las ovejas y del 20% de la población
de aquel país. Fue una tragedia.

No es mito que la televisión fue peligrosa. A finales de 1960, la compañía General Electric puso a la venta televisores defectuosos que emitían rayos X, los cuales podían afectar la vista. La compañía corrigió esto. Hace décadas que las teles son seguras. No te pasa nada aunque pegues la nariz a la pantalla.

¿Sabías que la planta viva más alta del mundo tiene nombre? Se llama Hyperion, que también es el nombre de un titán griego. Es un árbol de la especie secuoya roja y su altura es de 115.5 metros. Fue descubierto el 8 de septiembre de 2006.

Los espejos sí han sido motivo de mitos. En la cultura maya, luego de la conquista española, los espejos eran un elemento muy importante, pues creían que al orar a un santo el alma dejaba el cuerpo. Para ayudarle a volver con su propietario, colocaban espejos enfrente a este.

Hay un mito que dice que los animales no hacen guerras, que esto es exclusivo de los humanos. Por desgracia, es falso. Se sabe que los chimpancés realizan incursiones a los territorios de grupos rivales y los atacan para obligarlos a retirarse de tierras donde el alimento es abundante.

Hablemos de arañas. Por más que pienses que son feas con sus muchas patas peluda, es cierto que no son malas. En general, son benéficas para los humanos porque se alimentan de insectos molestos que transmiten enfermedades, como las moscas, los mosquitos y los pececillos de plata, que se comen los libros.

Pese a que las películas pintan a los nativos americanos como salvajes violentos, en realidad nunca fue el caso. Las muertes de colonizadores por causa de nativos llegaron a 300 o 400. Apenas el 1% de las registradas en aquellas épocas. Un colono tenía más probabilidades de morir por dolor en el estómago que por un nativo americano.

Los humanos dominamos la agricultura hace diez mil años, pero los robots ya nos alcanzaron. Existen robots agricultores que están programados para plantar semillas, regarlas y remover hierbas malas sin la intervención de personas. ¡Ojalá vengan a arreglar mi jardín!

Hay un mito que dice que las arañas de patas largas son las más venenosas del mundo. En realidad sus colmillos son tan pequeños que no pueden inyectarnos su veneno, que además es muy poco tóxico para los humanos.

Quizá pienses que al mayor tesoro del Viejo Oeste era el oro pero el verdadero valor estaba en el agua. Ya que los colonos no sabían cómo encontrar fuentes de agua fácilmente, los comerciantes importaban agua. Un simple vaso podía costar hasta 100 dólares en algunos pueblos.

Según el mito, Cristóbal Colón fue el primer europeo en pisar América, pero existen evidencias de que un explorador vikingo llamado Leif Erikson zarpó desde lo que hoy es Noruega y llegó a las costas de Canadá casi 500 años antes de que Colón llegara a las Bahamas.

Los chimpancés hacen guerras por estatus social. Se ha observado que una manada puede fragmentarse en dos facciones, una leal al macho dominante y otra conformada por chimpancés de bajo estatus social. Aún no se sabe si hay planes de revolución.

La línea de ensamble inventada por Henry Ford en 1908 no solo tuvo un impacto en la vida automotriz, sino en la de todos los obreros del mundo, que ya no tenían que andar de un lugar a otro y entonces sufrían menos accidentes.

Solemos burlarnos de quienes creen en extraterrestres,
pero la ciencia se lo toma muy en serio. En 1961, el
astrofísico Frank Drake propuso la ecuación de Drake,
una fórmula que calcula el número de posibles
civilizaciones en nuestra galaxia. Su resultado estima
entre 1 000 y 100 000 000 civilizaciones extraterrestres.
¡Y eso es nada más en nuestra galaxia!

En un videojuego de terror llamado *Silent Hill*
hay una neblina que causa suspenso. Pues esta bruma
fue una necesidad. Las limitantes de los procesadores
gráficos de PlayStation no podían manejar apropiadamente
las imágenes de todo el pueblo, por lo que se creó la bruma
para que solo se cargaran las partes cercanas al personaje.
Qué gran truco, ¿no crees?

La guerra más mortal en la historia no involucra
a los humanos. *Linepithema humile* es una especie
de hormiga que ha ido apropiándose de los territorios
de otras hormigas, exterminándolas en el proceso.
El conjunto de esta especie ha conquistado casi todo
Estados Unidos, Inglaterra, Europa continental, Japón,
Australia y Nueva Zelanda.

879

Existe un tipo de insectos que suelen confundirse con arañas de patas largas. Se llaman opiliones. Estos solo tienen 1 segmento de cuerpo en lugar de 2. En vez de 8 patas, tienen 6 y no son venenosos. ¡Literalmente son una bola con patas!

880

Parece que a donde vayamos, nuestro legado es la basura. Durante la primera visita a la Luna, para regresar los astronautas debían viajar ligeros y tuvieron que tirar todo el equipaje innecesario, como instrumentos de muestreo, cámaras, cubiertas para sus botas y bolsas con sus desechos.

881

La mayor parte de la masa de todo el sistema solar se encuentra en el Sol. Podrías juntar a todos los planetas, asteroides, cometas y meteoros y aun así solo sería el 0.2% de la masa total del sistema. El otro 99.8% es puro Sol.

882

Hay vampiros aquí y en China, al menos en la mitología. En China se les conoce como *Jiang Shi*, que significa "cadáver rígido". Tienen ojos rojos y manos con garras. Además, les crece cabello blanco muy largo y hasta llegan a convertirse en lobos. ¡Son mucho más aterradores allá!

La araña más peligrosa del mundo es la araña de embudo de Sidney, que recibe su nombre porque es nativa de esa ciudad en Australia y por la forma de túnel con la que construye su telaraña. Apenas pequeña cantidad del veneno de un macho es letal para los humanos.

La primera llamada telefónica realizada desde un celular fue hecha en la ciudad de Nueva York en 1973 por Martin Cooper, un empleado de Motorola. 19 años más tarde, Neil Papworth envió el primer mensaje de texto desde un dispositivo móvil.

¿Qué es el tiempo? Ni siquiera los científicos saben exactamente. Aunque existen nociones sobre cómo funciona y cómo podemos medirlo, es un fenómeno complejo. Se supone que está relacionado a la entropía, que es la cantidad de desorden en el universo y siempre va en una dirección. Pero más, no sabemos.

Muchos papás dicen que si te dedicas al arte te vas a morir de hambre, pero en general es un mito. En 2018, el valor total del mercado artístico fue valuado en 67 mil millones de dólares, casi 3 mil millones más que el año anterior. Tan solo mírame a mí, ¡me pagaron por escribir este libro!

Dicen que la telaraña es más fuerte que el acero.
¿Es verdad o es un mito? Pues es verdad. Según
simulaciones de computadora, una hebra de telaraña
con el grosor de un lápiz sería capaz de detener un avión
de pasajeros en el aire. Impresionante, ¿no?

A mediados de la década de 2000, la leyenda urbana decía
que la radiación de los monitores para computadora
hacía que las mujeres embarazadas perdieran a sus bebés.
Aunque esto nunca fue comprobado, la industria adoptó
medidas de seguridad para reducir la radiación que emitían
los materiales que se usaban en los monitores.

**No es mito que las arañas son muy importantes
para todo ecosistema en el mundo. Incluso son benéficas
para los humanos y no buscan hacernos daño. Así que
no las dañes si te las encuentras.**

En México hay un alimento que se llama huitlacoche
y las personas suelen comerlo en una tortilla con queso,
¿pero sabes qué es? Pues es un hongo que ataca al maíz
y lo deforma hasta convertirlo en un mutante negro.
En muchas partes del mundo se le considera una plaga,
pero en México no le tienen miedo a nada y se lo comen.

Mucha gente cree que los flamencos solo tienen una pata porque casi siempre se les ve así. Pero es solo un mito. Como todas las aves, tienen dos. Lo que sucede es que les gusta esa postura porque así gastan menos energías y les ayuda a conservar el calor cuando la temperatura baja.

Las ventas de Minecraft, un videojuego donde debes crear minas, no son lo único que alcanza proporciones míticas. La extensión posible del terreno del videojuego en PC tiene un área que mide ¡8 veces más que la superficie de nuestro planeta!

El récord de altura de un ser vivo pertenece a un eucalipto que, antes de caer en 1872, alcanzó una altura de 132 metros.

¿Cuáles son las flatulencias más grandes y apestosas? Aunque no se han grabado muchas flatulencias de ballena, los biólogos que las estudian reportan que producen burbujas enormes con un olor "increíblemente apestoso". No lo dudo.

895

¿Alguna vez escuchaste el término *nanorobot*?
Pues ya no son un mito. Se trata de un robot microscópico
de entre 50 y 100 nanómetros. Se espera que se les pueda
utilizar para la administración efectiva de fármacos
al torrente sanguíneo y para brindar apoyo a los médicos
durante cirugías complejas.

896

¿Sabías que los flamencos no son rosas? Cuando nacen, las
plumas de estas aves son de color gris. Conforme crecen
adquieren un tono rosado porque los camarones y las algas
que comen en su hábitat natural contienen un colorante
que después se manifiesta en ellos.

897

En la película de *El rey león* (1994) hay una escena
muy famosa que ocurre en un cementerio de elefantes,
pero estos en realidad son un mito. Los primeros ingleses
que exploraron África solían romantizar a los elefantes
y creían que en sus últimos días viajaban a lugares
especiales donde podían descansar con sus antepasados.
Es una idea bonita, pero solo es una fantasía.

898

**La industria del cine de Hollywood es multimillonaria, pero
hay otra que le gana: la de los videojuegos, que está valuada
en más de 90 mil millones de dólares.**

899

Además de los coches eléctricos también se están probando otros tipos de combustibles menos contaminantes, como granos de soya, maíz, basura y, aunque no lo creas porque suena ridículo, café capuchino.

900

Aunque una batería vieja o defectuosa puede estallar, las del celular no explotan por dejarlas cargando toda la noche. Los *smartphones* modernos tienen circuitos inteligentes que interrumpen el suministro en cuanto la batería alcanza el 100 % de su carga.

901

LEGO tiene un búnker subterráneo con todos los sets que la compañía ha creado desde mediados de la década de 1990. Tan solo en 2008 se tenía registro de que esta bóveda contenía 4 720 sets. Nada mal para una colección de bloques de plástico.

902

El origen de la palabra vampiro no es muy claro. De acuerdo con muchos académicos, deriva del húngaro *vampir* o del turco *upyr*, que significa "brujo". Otros dicen que proviene del serbio *bamiiup*. El hecho de que haya tantas palabras para estos seres sugiere que los vampiros son un miedo muy profundo en todo el mundo.

903

En realidad no sabemos qué es la gravedad con exactitud.
Toda masa produce gravedad (un planeta, una luna, tú),
pero no sabemos por qué. Una hipótesis es que se trata
de la influencia de unas partículas llamadas gravitones,
pero aún no está comprobada.

904

**Pese a su gran tamaño y su apariencia tranquila,
los elefantes pueden ser muy rápidos y peligrosos.
Un elefante africano macho adulto puede correr a una
velocidad de 40 kilómetros por hora. A menos que seas
Usain Bolt, mejor no los molestes.**

905

Muchos conocen a Mario, el popular personaje
de Nintendo. Pero pocos saben que apareció por primera
vez en otro videojuego en 1981: *Donkey Kong*. Ahí se
llamaba Jumpman (que significa "hombre saltarín")
y Donkey Kong era su mascota que se escapaba y
secuestraba a Pauline, novia de Jumpman.

906

Es común pensar en un enorme elefante asustado
por un diminuto ratón y esto no es del todo un mito.
Lo que pasa es que la visión de los elefantes no es muy
buena. Lo que les da miedo no son los ratones en sí, sino
el movimiento repentino que confunden con una amenaza.

907

¿Te han dicho que los videojuegos no dejan nada bueno? En promedio, un *gamer* profesional puede ganar entre 1 000 y 5 000 dólares al mes y las superestrellas alcanzan los 15 000 dólares entre premios y patrocinios de marcas famosas. ¿Seguro que no es nada?

908

No es mito que Netflix, la plataforma de *streaming*, se haya vuelto el rey de la televisión. En conjunto, la población mundial pasa alrededor de 164 millones de horas cada día mirando su oferta, es decir, unos 18812 años. Por algo te regañan tus papás.

909

¿Sabías que no solo los vivos viajan en avión? En este mundo globalizado, no es raro que muchas personas fallezcan lejos de donde serán enterradas. Prácticamente todos los aviones comerciales transportan restos humanos en el área de carga.

910

Los ratones y el queso van de la mano. O por lo menos eso es lo que suele pensarse. Pero es un mito. Aunque los ratones no son quisquillosos, prefieren la comida dulce, como el chocolate o la mermelada. ¿Qué sigue? ¿Que la comida favorita de los osos no sea la miel?

911

La esclavitud tampoco es un invento humano. La rata topo desnuda es una especie de roedor sin pelaje que suele hacer guerras entre sí. Cuando conquistan una colonia, exterminan a los adultos rivales y crían a sus bebés como esclavos al servicio de sus nuevos amos. El horror...

912

Pac-Man es uno de los personajes más famosos de videojuegos, pero originalmente tenía otro nombre. Se llamaba Puckman, porque su forma recordaba a un disco de hockey, que en inglés se llama *puck*. Pero los socios se dieron cuenta de que, en inglés, se podía cambiar fácilmente el nombre del personaje a una grosería que empieza con *f*. Así nació *Pac-Man*.

913

La dieta de los conejos se compone de hierba y hojas verdes. Y aunque se piense que su comida favorita son las zanahorias, la realidad es que estas contienen altos niveles de azúcares que pueden hacerles daño si las comen en exceso. Por eso en su hábitat natural prefieren evitarlas.

Bugs Bunny, un dibujo animado que suele masticar zanahorias de forma relajada mientras habla, es un homenaje de sus creadores a la película *Lo que sucedió aquella noche* (1934), donde el actor Clark Gable aparece en una escena idéntica a la que reproduce Bugs.

Esto parece más chiste que mito, pero no es más que la verdad: en 1932, el ejército australiano le declaró la guerra a los emúes, aves terrestres parecidas a los avestruces, porque comenzaron a causar estragos en las cosechas de los granjeros locales. El 8 de noviembre de ese año, se ordenó la retirada total de todas las tropas humanas porque no fueron exitosas.

¿Crees que la música te distrae cuando manejas? En 1930, un año después de que se inventara el radio para auto, se propuso una ley que prohibía su uso en autos mientras se conducía porque muchos temían que la música distrajera demasiado a los conductores.

Si crees que los vampiros no tienen límites, te equivocas. Los umbrales y las puertas tienen un enorme valor simbólico en el folclor y un vampiro no puede cruzar una puerta a menos que se le invite. ¡Todos unos caballeros!

918

La primera evidencia clara de que la Tierra es redonda fue la primera fotografía que se tomó del planeta desde el espacio. Esta foto fue tomada el 24 de octubre de 1946 desde un cohete no tripulado tipo V-2. En ella se puede observar con toda claridad la curvatura natural de la Tierra.

919

Es común que se crea que *Los Simpson*, una serie estadounidense con 31 temporadas, sea la más larga de la historia, pero no. *Doctor Who* lo es. Su primera transmisión fue el 23 de noviembre de 1963. Cuenta con 38 temporadas, 861 episodios, una película y el protagonista ha sido interpretado por 13 actores diferentes.

920

En total, la NASA ha lanzado un total de 166 cohetes tripulados al espacio. Nada mal para una especie que apenas hace 100 años consideraba los viajes espaciales algo propio de la ciencia ficción.

921

La verdad es que los biólogos todavía no están seguros de por qué las cebras tienen rayas. Actualmente, la propuesta más aceptada es que se trata de un sistema para regular su temperatura corporal. Mientras más cálido es el clima, tienen franjas más agudas y oscuras.

922

Es un mito que nosotros hayamos inventado la clonación. Los pulgones son insectos muy pequeños que se alimentan de los tallos de plantas y flores. Las hembras pulgón son capaces de reproducirse clonando su material genético y producen multitudes de hijas idénticas a ellas.

923

Ver demasiada televisión puede hacer que el cerebro se convierta en puré. Este mito tiene algo de cierto pues el cerebro no recibe suficientes estímulos al verla. Por eso es importante que realices otras actividades que estimulen la mente, como tocar un instrumento o ayudar a planear el siguiente viaje familiar.

924

¿Las cebras son blancas con rayas negras o negras con rayas blancas? Los embriones de cebra son completamente negros al principio. Con el tiempo, su pelaje comienza a decolorarse y comienzan a aparecer franjas blancas. Entonces, las cebras son negras con rayas blancas.

925

¿Sabías que los *gamers* tienen más probabilidades de tener sueños lúcidos? Pues sí. Ya que los videojuegos estimulan y desarrollan la relación entre el consciente y las habilidades motrices, esta se refuerza al punto en que comienzan a tener control sobre sus sueños.

Con los coches llegaron las multas por exceso
de velocidad. La primera multa de este tipo fue emitida
en 1896. ¿A qué velocidad iba el auto? A 12 kilómetros
por hora. Usain Bolt, el hombre más rápido del mundo,
lo supera por mucho.

927

¿Te han dicho que durante una tormenta eléctrica
no debes esconderte bajo un árbol? Pues haz caso porque
es verdad. Aunque por sí sola la madera no conduce
electricidad, las raíces del árbol están llenas de agua
y sus troncos, llenos de huecos diminutos. Así que
no es extraño que atraigan un rayo.

928

El verdadero peligro de ver televisión es para tu peso.
La gente que mira televisión más de dos horas al día tiene
un 27 % más de probabilidades de padecer obesidad, diabetes
o hipertensión. Es mejor usar toda tu energía para andar
en bicicleta o practicar algún deporte.

929

Hay una creencia popular de que los pingüinos solo
tienen una pareja toda la vida, pero es falso. El 85 %
de los pingüinos emperador cambia de pareja cada año
y el 71 % de los pingüinos rey hace lo mismo..

930

Hay muchos mitos sobre construcciones humanas
que pueden verse desde el espacio, pero en este tema,
los pingüinos nos ganan: su popó puede verse desde el
espacio. Gracias a esto, científicos comenzaron a descubrir
poblaciones nuevas de pingüinos que jamás habían visto.

931

¿Quién dice que los incas eran tranquilos?
Adoraban las lecciones ejemplares. Arrojar al criminal
por una colina empinada era uno de los castigos
particularmente crueles de los incas para que nadie
repitiera los crímenes cometidos.

932

¿Es cierto que en el espacio no hay gravedad?
No, es solo un mito. La gravedad es determinada por
la masa de un cuerpo y sus efectos dependen de la
distancia de ese objeto. Un astronauta en el espacio
es afectado por la gravedad de la Tierra. Que pienses
que en el espacio no hay gravedad es muy grave.

933

Los robles reciben más impactos de rayos que
cualquier otro árbol. Esto se debe a que en general
son más altos que los árboles circundantes y a que
sus troncos pueden almacenar mucha más agua.

934

¿Los osos hormigueros aspiran hormigas por la nariz?
Podría parecer que sí por el rostro alargado y delgado
como un tubo. En realidad, utilizan sus lenguas,
que llegan a medir metro y medio.

935

Muchos hongos sobreviven a los tiempos difíciles
porque pueden permanecer dormidos durante años,
incluso décadas, hasta que las condiciones
vuelvan a ser propicias.

936

Mario, el personaje de Nintendo, es plomero. Pero debutó
en *Donkey Kong*, otro videojuego, como carpintero. Los
creadores decidieron cambiarlo de profesión porque había
muchas tuberías en el juego y tenía espacio bajo la tierra.
Un cambio de carrera te puede llevar al éxito.

937

Esto solía ser verdad, pero ya no más: las baterías
antiguas de celulares y computadoras portátiles solían
deteriorarse si se les cargaba de más o el aparato se dejaba
conectado. Ahora las baterías modernas funcionan mejor
cuando se les recarga con frecuencia.

Uno de los mayores temores de la gente al subir a un elevador es que los cables se rompan y se desplome en caída libre hasta el sótano. Pero los elevadores modernos incluyen un sistema de frenos que evita esto. Los inventos nunca dejan de mejorarse.

Los pingüinos no solo hacen mucha popó.
El 3 % del hielo de la Antártida es pipí de pingüino.
Así que, oficialmente, la Antártida les pertenece.

Las hormigas y los pulgones tienen una relación similar a la que tenemos nosotros con las vacas. Los resguardan, los sacan a alimentarse de tallos y, con sus antenas, golpean el estómago de los pulgones para que hagan una popó muy dulce. Las hormigas se comen esto. Al menos nosotros tomamos leche.

¿Es cierto que la *dark web* es un nido de criminales? Un grupo de investigadores del King's College de Londres exploró y catalogó 2 723 sitios durante un periodo de 5 semanas en 2015 y descubrieron que 57 % alojaban material ilícito.

942

La película *Mulán* (1998) de Disney, está basada en la
historia de una mujer real. Igual que en la película,
se unió al ejército porque su padre era muy viejo. Pero
en realidad ella ya sabía combatir desde niña. Tampoco
tuvo que escaparse de su casa porque su familia conocía
sus planes y le dieron su apoyo. Eso es lo que yo llamo
una gran familia.

943

**El primer ganador de un torneo de *e-sports* fue
Bruce Baumgart, un estudiante que ganó las Olimpiadas
Intergalácticas de Guerra Espacial en 1972. Los *gamers*
no son tan recientes como crees.**

944

La conquista de los robots sobre los humanos comenzó
en 1980. La industria automotriz fue la primera en utilizar
robots para sus procesos de ensamblado, con una demanda
de hasta el 70%. Desde entonces, prácticamente todas las
industrias masivas utilizan al menos un tipo de robot.

945

Según la leyenda, un oficial chino llamado Wan Hu quiso
volar y no se le ocurrió mejor modo para hacerlo que atar
varios cohetes en una silla. Desafortunadamente, ni Wan
Hu ni la silla fueron vistos otra vez porque estallaron.
A veces no todas las ideas son brillantes.

946

¿Puedes alejar a los vampiros con ajo? No. Entre 1721 y
1728, hubo una epidemia de rabia en Hungría y surgieron
rumores de que los infectados eran vampiros. El olfato de
las personas infectadas con rabia reaccionan a los olores
fuertes, como el del ajo. Una coincidencia extraña.

947

Los automóviles eléctricos son el futuro, pero también
fueron el pasado. La mayoría de los primeros coches
producidos comercialmente eran eléctricos. El problema
fue que eran caros, lentos y no podían ir muy lejos.
Al final la gasolina se volvió el combustible favorito.

948

Muchos se preguntan por qué las ventanillas de los aviones
son redondas y no cuadradas. En el pasado solían serlo,
pero los ingenieros descubrieron que los bordes cuadrados
no soportan bien los cambios de presión durante un vuelo.
Así llegaron las ventanillas redondas a nuestras vidas.

949

Aunque solemos pensar en el Sol como una enorme
bola de gas ardiente, "arder" no es una descripción precisa.
Sino que el Sol libera energía debido a que su gravedad
es tan poderosa que los átomos de los elementos en su
interior se fusionan y liberan cantidades impresionantes
de energía nuclear.

950

Según un mito, en 1673 un grupo de personas furiosas mató y se comió al primer ministro de Holanda, Johan de Witt. En realidad eso sucedió en 1672. En medio del caos, algunas personas comieron trozos del cuerpo de Witt. Ahora lo sabes: cuidado con Holanda durante el apocalipsis zombi.

951

¿Por qué el cielo es azul? Ahí te va la verdad: la luz del sol es de todos los colores pero cuando llega a la atmósfera, la de mayor energía se dispersa 9 veces más que el resto por algo llamado dispersión de Rayleigh; como esta luz de alta dispersión tiene tonos azules y violeta, el cielo adquiere ese color.

952

Las vacunas no causan autismo. Este mito surgió porque, en 1997, un cirujano británico llamado Andrew Wakefield publicó un estudio en el que lo aseguraba. Después se comprobó que el cirujano recibió dinero a cambio de decir esto. Además, se le retiró su licencia para ejercer la medicina.

953

Un mito popular entre los papás es que el genio Einstein era malo para las matemáticas. A Einstein le daban flojera ciertos temas y tenía malas calificaciones en esas materias, pero lo que dominaba a la perfección eran las matemáticas debido a sus aplicaciones en la física.

954

¿Sabías que todos los sobrecargos son buenos nadadores? Uno de los requerimientos para convertirte en uno es que puedas nadar más de 50 metros en una alberca de 2 metros de profundidad. Esta habilidad es necesaria en caso de un acuatizaje.

955

Los zombis no son los únicos con un apetito voraz por cerebros. Si los pájaros carpinteros, que tienen un pico muy fuerte, pasan demasiado tiempo sin encontrar alimento, se les sale el zombi que llevan dentro, atacan a otros pájaros y les picotean la cabeza.

956

Las flatulencias son resultado de la digestión, entonces todos los animales deben producir gases, ¿verdad? Falso. Los pulpos, las almejas y las anémonas son animales que nunca producen flatulencias. Las aves tampoco. Los perezosos son el único mamífero que no las produce.

Si ya nos vacunaron o ya nos dio un resfriado, ¿por qué no somos inmunes? La inmunidad no es un mito. El problema es que las enfermedades respiratorias no son causadas por un solo virus, hay cientos de ellos y no tenemos una cura general que los enfrente a todos.

Un mito de la gente obsesionada con la salud dice que sudar le ayuda a tu cuerpo a eliminar toxinas. En realidad, el sudor solo sirve como un sistema para refrescar el cuerpo cuando hace mucho calor; ninguna toxina sale por tus poros, solo por tu hígado.

Por alguna razón, las películas dicen que para reanimar a una persona, tienes que inyectarle adrenalina directamente al corazón. La verdad es que basta con insertar la aguja en el brazo, como debe de ser. Qué bueno que los directores se dedican a hacer películas y no a salvar vidas.

Desde la primera generación de consolas de videojuegos para el hogar, se han creado casi 1 000 de ellas. Aunque las abuelas les llaman "nintendos" a todas.

Aunque el cloroformo sí puede dejar inconsciente
a una persona, le tomaría al menos 5 minutos lograrlo,
tiempo suficiente para que la víctima se defienda,
escape o pida auxilio. No se desmayan al instante,
como en las películas.

Si has conocido a un sonámbulo, seguramente sabes que no
debes despertarlos porque la sorpresa podría matarlos. Pues
esto es un mito. No hay ningún problema con despertarlos.

¿Qué causa el sonambulismo? Cuando dormimos, nuestro
cerebro desactiva el movimiento voluntario para evitar
que nos hagamos daño por movernos sin estar al tanto
de nuestro entorno. En los sonámbulos, esta interrupción
no ocurre, así que tienden a moverse mucho al dormir.

Disparar con dos armas y darle a todo, en realidad,
no solo es difícil, también es prácticamente imposible
darle al blanco porque tu visión solo se concentra
en un punto. La segunda pistola estaría disparando
sin saber a qué le apuntas.

965

Solemos imaginar a los vikingos como asaltantes
que atacaban pueblos y robaban riquezas. En realidad,
los sistemas legales nórdicos eran muy complejos para
su época. El parlamento de Islandia fue establecido en el
año 930 después de Cristo, en el apogeo de la era vikinga.

966

Un estudio en Suiza realizado en el año 2000 descubrió que
dormimos peor cuando hay luna llena. A los participantes
les tomó 5 minutos más poder dormir y durmieron
20 minutos menos. Eso sí, no se sabe por qué nuestro
sueño empeora con la llegada de la luna llena.

967

**¿Sientes que pasas demasiado tiempo en el baño?
Pues no es tu imaginación. En promedio, una persona pasa
un año completo de toda su vida sentada en el baño.
¡Ándale ya sal que ya nos anda!**

968

Los robotaxis ya son una realidad. Al menos en
Emiratos Árabes Unidos, donde ya existen robotaxis
que funcionan totalmente a base de energía eléctrica
y no necesitan de un chofer porque son completamente
autónomos. El futuro es ahora.

969

El hueso más grande del cuerpo humano es el fémur,
ubicado en tus muslos, cuya longitud varía entre 40 y 48
centímetros. El más pequeño es el estribo, un huesito
que forma parte del oído medio, que apenas llega
a los 2.8 milímetros.

970

Existe algo llamado el efecto CSI. Debido a los dramas
policíacos de la televisión, muchos miembros de un jurado
en Estados Unidos tienen expectativas irreales
de la ciencia forense y las técnicas de investigación,
lo que muchas veces afecta un veredicto.

971

Aunque parece una decisión obvia, la máquina del tiempo
en las películas de Volver al futuro originalmente iba a ser
un refrigerador, pero el director Robert Zemeckis temió
que los niños quedaran atrapados dentro de refrigeradores
tratando de imitar la película, así que terminó por escoger
a un automóvil, el DeLorean DMC-12 modificado.

972

Hay una creencia de que la sangre se vuelve azul cuando
no lleva oxígeno. Las venas simplemente lucen de color
azul o verdoso porque las vemos a través de muchas capas
de tejido que filtran y distorsionan el color.

973

¿Por qué te huele mal la boca si no te lavas
los dientes? Cuando comes, las bacterias que viven
en tu boca descomponen los restos de alimentos.
Esta descomposición genera un mal aroma, pero además
las bacterias también tienen que ir al baño y lo hacen
justo en tu boca. Por eso no dejes de lavarte los dientes.

974

Los sistemas respiratorio y nervioso de las cucarachas
se extienden por todo su cuerpo, lo que significa
que cortarles la cabeza para deshacerte de ellas no
funciona de inmediato, pasará un buen rato hasta
que se muera y puedas escapar.

975

Sí puede llover carne, aunque no lo creas. El 3 de marzo
de 1876, enormes trozos de carne cayeron del cielo
sobre Kentucky, Estados Unidos. El Dr. L. D. Kastenbine
escribió que se trataba de un brote coordinado de vómito
de buitres. Estas aves suelen vomitar toda su comida
como mecanismo de defensa o si se les está
dificultando el vuelo.

976

Eso de tener el corazón roto no es tan ficticio como parece. Existe una enfermedad llamada cardiomiopatía por estrés, que se conoce popularmente como síndrome del corazón roto y puede causar problemas cardíacos críticos a corto plazo.

977

Durante mucho tiempo existió el mito de que las neuronas no se regeneran. Esto es falso. Como en todo el cuerpo, se regeneran constantemente. Solo enfermedades degenerativas como el Alzheimer afectan su desarrollo. Las neuronas también tienen segundas oportunidades.

978

¿La Coca-Cola en sus orígenes era saludable? En realidad, nunca lo fue. Un farmacéutico de Estados Unidos, John S. Pemberton, intentó crear un jarabe contra los problemas de digestión que, además, aportara energía. Pero cuando le agregaron carbonato, nació una de las bebidas más famosas del mundo.

979

En las películas de acción, alguien siempre le dispara a un candado para romperlo. Fácil, ¿no? Pues resulta que no. Si disparas una bala contra un candado, la bala se deformará y rebotará, mientras que el candado apenas tendrá un rayón. Es más fácil hablarle al cerrajero.

Uno de los avances tecnológicos más importantes
es también uno de los que menos reconocimiento recibe.
En 1857 Joseph Gayetty inventó papel higiénico en Estados
Unidos. Su éxito fue tal que pronto se le encontraba
en todas partes. ¡Qué alivio!

¿Cómo se llama el sonido tan peculiar que hacen los
pavos? Se le conoce como glugluteo, pero no todos lo
hacen. Este sonido tan peculiar es exclusivo de los machos.

¿Tu papá se llama Mario? Puede que tus abuelos jugaran
Mario Bros. y no te hayan dicho. Debido a la popularidad
de este videojuego, en 1983 hubo un incremento
en el número de personas que nombraban a sus hijos
así en todo el mundo.

Seguro debe haber muy pocos vegetales que los humanos
podamos comer. Pues eso es un mito. Aunque los humanos
elegimos consumir alrededor de 30 especies vegetales,
ya sea por sabor o valor nutricional, existen cerca
de 80 000 especies de plantas que son comestibles.

Como las personas vivimos fuera del agua, solemos pensar que la vegetación es propia de tierra firme. Pero en realidad, el 85 % de toda la vida vegetal se encuentra en los océanos.

¿Crees que las almendras son muy saludables? Pues en realidad, no lo son tanto. Tanto las dulces como las amargas contienen cianuro, una sustancia que puede ser mortal para los humanos. Aun así, no hay nada de qué preocuparse porque las cantidades que poseen son mínimas.

¿Sabías que la levadura es un tipo de hongo? Y lo hemos usado en la cocina desde hace muchos años. Hay evidencia de que ya se usaba la levadura en China hace 9 000 años para producir hidromiel, un tipo de bebida alcohólica.

Según el mito, nunca debes acercar un imán a tu computadora porque borra la información. En realidad, esta creencia nació porque en el pasado las cintas magnéticas eran un método común para guardar información. Sin embargo, en la actualidad este material ya no se usa.

988

Aunque Bowser, el villano de la serie del videojuego
de *Mario Bros.*, es una tortuga, originalmente se pretendía
que fuera un buey. Algunos de los diseños se mantuvieron,
por eso tiene cuernos y un hocico bien definido.

989

Existe un mito entre los maestros de que Wikipedia no
es confiable porque cualquiera puede editarla. La verdad
es que Wikipedia tiene un sistema de revisores dedicados a
corregir cualquier error o vandalismo. Incluso, cuentan con
cerca de 1941 *bots* (programas de computadora) diseñados
para actualizar al instante todos los cambios hechos
en las páginas web ya verificadas. No suena nada fácil.

990

Una de las habilidades más curiosas de los pulpos es que
si uno de sus tentáculos queda atrapado, ya sea por un
depredador o debajo de una roca, pueden desprenderse de él
voluntariamente. ¡Y el tentáculo les vuelve a crecer!

991

¿Has oído la frase: "Es un pequeño paso para un hombre,
pero un gran salto para la humanidad"? Fue dicha por
Neil Armstrong, el primer hombre en pisar la Luna y en
realidad tuvo que dar un salto de casi un metro desde las
escaleras del módulo lunar hasta la superficie.

Un mito dice que internet fue creado por el ejército de Estados Unidos. El Departamento de Defensa de Estados Unidos creó Arpanet, una suerte de prototipo de internet. Aunque la red mundial fue desarrollada por civiles.

¿Has escuchado de la *deep web*? También la llaman internet profunda, internet invisible o internet oculta. Se sabe que aun con los 4.5 millones de sitios en los índices de los buscadores, la *deep web* representan 400 veces esa cantidad.

Por desgracia, los coches no son tan duraderos como en las películas. Un coche expuesto a la intemperie por tanto tiempo tendría el metal oxidado, el caucho de las llantas derretido y las partes móviles del motor se habrían fundido. Si no quieres que un auto termine así, mejor úsalo.

Las películas me hicieron creer que las arenas movedizas podían tragarme por completo, pero esto es un mito. El peligro es quedar atrapado y morir por falta de alimento y agua. En realidad, es muy fácil salir de ellas si te recuestas sobre la arena firme y te arrastras fuera de ella.

996

¿Sabías que la Luna te ayuda a bajar de peso? Bueno, más o menos. Al igual que la Tierra, la Luna tiene gravedad. Cuando está en el punto más alto del cielo, su gravedad compite contra la de la Tierra, lo que hace que tu masa corporal pese un poco menos... al menos por un rato.

997

Aunque pensamos que la Luna orbita alrededor de la Tierra una vez al día, esto no es verdad; tarda 27.3 días en darle la vuelta. A esto se le llama mes sideral o periodo sidérico. Esto hace que, una vez al mes, la Luna se oculte justo al anochecer y salga justo al amanecer.

998

Debido a que se necesita demasiada energía para que los campos de electrones de dos átomos se toquen, en realidad nunca tocamos nada. Lo que sentimos como contacto es la interacción entre los campos eléctricos de tus átomos y los átomos de otro objeto u otra persona.

999

Alrededor del 1500 antes de Cristo, Imhotep, el primer médico del mundo, usaba santuarios de sanación conocidos como templos del sueño, que eran usados para una forma de terapia de sugestión. Este es el registro más antiguo que se tiene del uso terapéutico de la hipnosis.

Mentir no siempre es malo, eso es un mito.
Lo importante es que nunca mientas por malicia
o para herir a alguien. Ahora puedes contarle la verdad
sobre todo esto a tus amigos y tu familia.

JAMES WHAT es el seudónimo del equipo editorial de VR Editoras, compuesto por profesionales del mundo del libro y especialistas en datos curiosos que han hecho la investigación necesaria para seleccionar, pulir, comprobar y editar la información insólita, divertida, asombrosa e impactante que forma parte este libro.

¡Tu opinión es importante!

Escríbenos un e-mail a
miopinion@vreditoras.com
con el título de este libro en el "Asunto".

Conócenos mejor en:
www.vreditoras.com
🅕 🅞 VREditorasMexico
🅧 VREditoras